理解

·

现实

·

困惑

轻度

PSYCHOLOGY

圈层突破

·珍·藏·版·

用心理学改写人生剧本

黄启团 著

中国纺织出版社有限公司 | 国家一级出版社
全国百佳图书出版单位

2021年珍藏版序

本书初版《只因目中无人》自2017年2月第一次出版，2018年10月改名为《圈层突破》。2021年9月，这本书在市场上断货了。当我联系出版社再版时，不少编辑跟我说，这本书已售出近10万册了，喜欢你的读者都买过了，为什么还要再版？而且，你有那么多新的题材，为什么不出新书？这让我想起了一个故事。

一位老人正在沿着海滩欣赏日落。他发现远处有个小男孩在沙滩上拾起一些东西，然后用力地抛到海里。

老人感到十分奇怪，于是走到那个小男孩身边问他：

"你好！请问你在做什么呢？"

小男孩说：

"我把这些海星抛回海里。

你看，现在已经退潮了。海滩上这么多海星都是潮水给冲上岸来的，如果我不把它们丢回海里，它们就会因缺氧而死了。"

"我明白，可是海滩上有数不尽的海星，而你不可能把它们全部丢回海里啊！更何况海岸线这么长。"

小男孩微笑着，继续弯下腰拾起另一只海星，用力地把海星丢进海里说：

"看，这只海星的命运改变了。"

说完就继续弯腰捡起另一只海星抛进大海，说：

"看，这只海星的命运又不一样了！"

我曾经就是那只海星，因为遇到了心理学，我获得了新生。这本书是我写的第一本书，里面的内容是心理学对我人生改变最重要的方法。

这些方法不仅改变了我的生命，也同样改变了无数读者的生命。

在一次讲座中，有位学员跟我说，他曾经患有精神分裂症，一直靠药物维持，几年前他看了这本书，因为这本书开始学习心理学，现，他已经不再需要靠药物维持了。这样的故事有很多。

我也知道，以我目前的影响力，这本书的销量恐怕有限，但每每想到这些故事以及自己曾经的受益，不忍心让这本书从市场中消失，这就是这本书第三次再版的原因，哪怕有一位读者能从中受益，我也心满意足。

这次再版时，在保留前次版本经典内容的基础上，我增加了"自我价值"的部分内容，自我价值就像人生的剧本，对我们的人生起到决定性的作用，要让人生真正改变，最好从改变自我价值开始。

衷心感谢中国纺织出版社心理图书品牌经纬度的支持，让这本书能够重新回到读者的手中，让这些令我受益的学问能够帮助更多的人——希望你是其中的一位。

黄启团

2021 年 10 月 1 日

初版序

一块木头给你什么感觉？

枯燥、乏味、不柔软、没温度。

如果一个人被别人形容为木头，这个人给人的感觉大概也是硬邦邦的，缺乏情感。我曾经就是木头一般的人，这句话不是出自别人之口，而是我太太多年前对我的形容。萨提亚认为，有一种人天生极度客观，很少表达自己的感情，一切从逻辑思维出发，当然也很难体会到别人的情绪。我就是这样一种"超理智型"的人。

虽然人的性格特点并无好坏优劣之分，但是这个特点却着实让我吃了不少苦头。

记得多年前，我曾经是一位"舞林高手"，身为青年干部，经常组织各种青年联谊会，还要负责教单位里的年轻人跳交谊舞。这事让我太太非常不爽，多次提出强烈抗议。可当年的我完全不会顾及太太的感受，只会搬出一大堆的理论，如"跳舞有益身心健康""这一切都是为了工作呀"，等等。在强大的"道理"面前，每一次争吵的结果都是我赢，而我太太却"一败涂地"。那时候的我完全没有觉察到，我在赢得争吵的同时，却输了人生中最重要的东西——爱情与家庭！

曾经，类似的事情在我的婚姻中多次发生，太太抱怨我是一块木头，我却一直采取"讲道理"的方式和太太沟通，每一次"讲道理"都变成冲突的导火索，这样的冲突太多，久而久之，婚姻变成了一个战场。我不知道如何休战，总期望能够达成一项又一项"和平协议"，但和平似乎遥遥无期。

今天这场战役结束，明天另一场战役又打响了……

每每想起这些往事，我都会心存愧疚。在妻子无助、伤心且需要丈夫给予温暖和支持的时候，我选择了用一种冷冰冰的"道理"去回应。那时我还未接触心理学，更没有接触NLP（神经语言程序学），不知道自己这种做法有什么问题，只觉得太太有点无理取闹。因为无知，我给我最心爱的太太的心灵留下了许许多多的伤痕！

"理智"不仅给我的婚姻带来了困扰，也给我的工作设置了不少障碍。那时的我信奉一句话，并常常挂在嘴边："我这是对事不对人。"做一件事情，只要觉得自己占了"理"，我就会"据理力争"，甚至"得理不饶人"。

多年前单位分房，分配标准已经定了下来，可领导为了照顾自己的亲戚，将本应该分给我的房子给了别人。那时我既不知道位置感知法，也不知道时间线，只觉得这样不公平，而且"理"在我这边。

那时候的我，只要有了道理，就充满了力量，于是领导桌面上那坚固的玻璃在我文质彬彬的拳头下应声而碎！

这一拳下去的结果是，不仅我的房子没了，我的"科长"也没了，我在国企的职业生涯也没了！

就算我后来创建了自己的企业，但因为对事不对人的工作习惯，处处得理不饶人的模式，让我的工作总是遇上很多"麻烦"。那段时期，我的事业也非常不顺利。

在课堂上，我说过一个黑洞和发光体的理论。黑洞般的人最主要的特点就是他们只能关注到事情，完全看不到人，没有情感，只有对错，仿佛一个只会给你的功课打叉或打勾的老师。

这样的人一出现，周围的温度似乎都会降低。

那时的我就是一个黑洞。这个黑洞开始吞噬我的婚姻、事业、人际关系、友情、亲情……我能感觉到生活出了问题，但我无法停止自己的黑洞模式，因为我根本意识不到是自己的应对方式出了问题。

我的黑洞模式命运的转机就是在遇见 NLP 之后。若非如此，现在的我可能和很多人一样，要么抱怨着生活不如意，要么正在苦苦寻找破解之法，甚至可能已经心灰意冷。

学过 NLP 之后，我才发现，过往人生中的很多不顺，多数是由自己的处事模式造成的，这种处事模式就是我经常挂在嘴边的"对事不对人"。是的，这就是当年的我，眼中只有事，只有道理，根本容不下人，更别说情感了。

和曾经的我一样，很多人都认为"对事不对人"是一个优点，他们将这个"优点"运用到工作中、婚姻中，甚至教育子女上。因为只能看到事情，看不到人，他们永远有处理不完的事情，一直深陷于一件又一件事情中，生活忙碌却不如意，甚至灾难不断、痛苦不断。

从事心理学教育 20 年来，我遇到很多人，他们每天都要应付各种各样的事情，觉得自己已经尽了最大的努力，却遭到伴侣的不解、同事的刁难、子女的冷漠，仿佛做的事情越多，结局越糟糕。

有人在婚姻中付出了很多，但是婚姻解体；有人为子女教育付出了很多，但是子女不成才；有人为企业经营付出了很多，甚至牺牲健康，但是企业发展并不如意。

婚姻的和谐之道，是否只能是忍让对方？ 子女要成才，父母需要付出多大代价？ 企业要发展，是否必须处理无穷无尽的事务？

白天应对工作，晚上应对家人，你并非不努力，你已经尽了自己所有的努力，解决生活抛给你的一个又一个难题，但是，为何你这么忙碌，仍然达不到预期效果？ 这世界上有没有一种方法，既能够让我们从忙碌中解脱，又能达到预期的效果呢？

如果你有机会和认识我很久的朋友聊天，你一定会听到他们说，团长变了。是的，我变了，用我太太的话说，我由一个"木头"慢慢变成一个人了。回顾我从事教育行业这 20 多年走过的路，我知道，让我改变的是 NLP、萨提亚、催眠、完形、超个人、沟通分析（TA）等实用心理学。这些好学问能够帮到我，我相信它同样能够帮到更多的人！所以，我创办了多家机构来传播这些好学问，其一是智慧行，致力于传播实用型心理学；其二是壹心理，致力于通过互联网让更多人受益于心理学。经过团队的努力，壹心理目前已拥有近3 000万用户，每天都在影响着数以百万计的人。

光有这些机构是不够的，因为中国有14亿人口，绝大部分人都像当年的我一样，花了大量时间去学习数、理、化等知识，这些知识让我们拥有了认识世界并赖以谋生的技能，但遗憾的是，这些技能并不能让我们活得幸福，因为幸福跟人有关。我们一生都在跟人打交道，却很少花精力去学习一些跟人打交道有关的学问。因为全社会都不重视，所以，这样的学问能找到的也很少。我想，也许这就是我这辈子的使命吧，尽我的微薄之力，为应用心理学的普及做点力所能及的事情。于是，我动了一个念头，想写一本书。

关于心理学理论的书已经不少了，但大多晦涩难懂，让人失去阅读的兴趣。我不是专家，我只是"用家"，所以，这本书我会用大量的案例，引出一点点的理论。这只是我的一次尝试，希望你们能喜欢。本书收录的故事，全是真人真事。他们的遭遇或许你正在经历，或许你身边的人正在经历。期待这些发生在我身边或我课堂上真实的生命故事能够打动你，并因此改写生命剧本。愿每位有缘读到本书的读者，生命能因此而更加美好！

我希望这本书可以成为一本关于人的"说明书"，在你读完本书之后，你就知道，如果处理问题能够"先对人后对事"，你也可以和我一样，开始真正主宰自己的生活，真正过上幸福的生活。

当你读完这本"说明书"，也许你会像我一样，听到周围的人说"你变了"。那时，你知道，我也会为你高兴！

本书能够成形，要衷心感谢我的所有导师，因为有你们，才有我今天的成长；感谢我的团队，没有你们，我什么事情也做不了；感谢听过我课的学员，没有你们的认同，我无法走到今天，特别是那些愿意让我把你们的故事收录进本书的学员，你们生命中的故事会让更多的生命变得更加美好。感谢所有支持我的朋友，由于篇幅所限，恕我不能一一列出你们的名字。最后，感谢我的家人，特别感谢我太太对我的包容，感谢你给予我成长空间。

黄启团

2016 年 12 月 8 日

声明：本书故事为了保护主角的隐私，均对名字、故事发生的地点、时间做了刻意变更，如跟你的经历雷同，纯属巧合，千万不要对号入座。

目录

PART 2
改写人生剧本，实现圈层突破

PART 1
对事还是对人

焦虑已成为我们这个时代的病。在过往的这么多年里，中国人可能都没有像现在这样焦虑过，虽然在过往几千年中，从来没有任何一个时代的人，能够拥有像现在这样多的物质财富和科学技术。

　　为什么我们拥有这么多，反而更加焦虑了呢？

　　最近读了一本书叫《人类简史》，书中有一个观点我尤为赞同。相较于其他生物，人类的身体并没有什么优势，速度比不上草原上的狮子，力气比不上大象；不能在天空飞行，也不能在水里畅游，没有毛皮抵御寒冬，也没有爪子对抗野兽。这本书的作者认为，人类之所以能够跃居食物链顶端，是因为人类懂得使用工具。如果人类不懂得使用工具弥补自己的缺陷，早已经被严酷的自然界淘汰了。人类的工具越来越发达，由最原始的石块到中国的四大发明，到飞机、火箭，再到今天的人工智能，人类好像已经无所不能了。

　　除了工具的使用之外，帮助人类立足于食物链顶端的是人类发展出了语言。人类复杂的语言系统使人类可以沟通交流，让人类成为社会性动物，使合作成为可能。

　　所以，工具与合作是人类优越于其他动物的根本原因，这两者具有同等的重要性！

　　但是随着科技的高速发展，人们却渐渐偏向了前者，越来越依赖工具，对工具的重视程度已经远远超过了对人的重视程度。

　　怎么解决这些问题呢？

人们想到的方法就是用更多的"工具"。AlphaGo（阿尔法围棋）战胜人类，让更多人看到了人工智能的潜力。发明机器人也是目前全球热门的投资项目之一。

越来越多的人开始期待用机器来解决生活中的问题。

劳动，可以用机器代替；孤独，可以发明陪伴机器人来陪聊；夫妻生活，可以用性爱机器人来解决；生育，可以用人工胚胎……一切都好像可以用机器来代替。这样，不用工作，就没有了工作的劳累；不用结婚，就没有了夫妻矛盾；夫妻制度解体，就没有了家庭，没有了家庭，就不用担心家庭琐事的烦恼。可是，这真是我们需要的生活吗？

我相信机器真的可以发展得高度发达，可是当机器真的高度智能化以后，人类就幸福了吗？电影《黑客帝国》在很早就向我们讲述了这样一个幻想的世界：一个名叫尼奥的网络黑客发现自己生活的世界有一些问题，在调查过程中他惊讶地发现，其实自己生活在虚拟世界里，而这个虚拟世界就是失控后的人工智能创造出来统治人类的世界。

随着科技的发展，机器统治人类的结局也许并不需要我们担心，而值得担心的是，现在越来越多的人把时间和精力都放在了做事情上，而忽略了人本身。社会开始用你做的事来衡量你的价值，人们只关心你飞得高不高，没有人会在乎你飞得累不累！

那我们应该怎么做才能够既关注科技发展，又不至于让科技发展失控，让人们越来越失去幸福感呢？其实很简单，当你每时每刻专注于所做的事的时候，你或许已经变成了"工具"。但是，你不是工具，你是使用工具的人。把你几乎全部用于做"事"的精力分一点儿到"人"上，当我们每天面对忙不完的"事"的时候，不要忘记自己是"人"。关照你自己的内心，关怀身边的人，无论是你的家人还是同事，不要将他们也看成"工具"，也不要只看到他们做的事情，时刻记住他们和你一样，是有感情、有感受的人。所以，对事，不如对人。

如果你想更好地与人相处，希望在与人相处中获得更多的幸福快乐，让生活剧本发生改变，学习心理学是其中一条简单而有效的道路，而本书仅仅是心理学中的一点皮毛。

第一章

对事还是对人

01

/

对事不对人

我开设《NLP 教练式管理》课程已经有 130 多期了，在数万名学员中，有一位名叫郑嘉国的学员给我留下了深刻印象。

每次谈到"老板为什么那么忙"这个话题，他匆匆走出教室打电话的样子就会出现在我的脑海中。在 4 天的课程中，他不断走出教室接电话，然后又带着满脸歉意溜进来。由于这个课程费用较高，很多学员都会关掉手机不再处理业务，但是郑嘉国似乎一刻也不敢丢开手机。我终于忍不住好奇，想知道他究竟是一位多少身家的老板，需要如此忙碌。所以课间休息的时候，我特意找到他聊天。

我问他："嘉国，你好像很忙啊？"

他露出抱歉的表情说："是啊，团长，没办法，事情太多。"

我笑着点点头，又问道："这么忙，生意应该很大吧？"

他连忙摆手，说："团长笑话了，我只有一家小企业，所有雇员加起来也就几十人。"

我说："几十人的企业就这么忙了，那企业发展大了岂不是不能休息了？"

郑嘉国无奈地说："做我们这种企业的人好像都这样。我是学技术出身，所以现在技术方面的事要找我；采购、销售也要我把关；企业小，人事方面的事情也是我最后拍板，真是分身乏术啊！所以，团长，我这不就报名来参加您的课程，向您学习管理方法嘛。"

我问他："你这么多电话，一个月电话费得多少钱？"

他想了想说："每个月差不多 2000 块吧。团长，不怕您笑话，现在一旦手机离开我的视线，我就觉得很不安。晚上睡觉也担心企业的事情，所以睡眠不太好。这人在江湖，身不由己啊。"

像郑嘉国这样忙碌的企业家或者管理者不在少数，因为经常和他们接触，我发现他们时常处于一种状态中——忙。

他们为什么这么忙？

郑嘉国的话大概已经回答了这个问题——"事太多了"。企业发展越大，事情就越多；老板事业越成功，就越忙碌；地位、官位越高，身体、心灵就越累，这好像成了一个打不破的规律。企业家们创业的初衷，可能是为了时间上更加自由，经济上更加独立，是为了更加幸福地生活。

然而，当他们真的建立了一个企业以后，才发现，生活与之前的初衷完全背道而驰——整个人被事业绑架，几乎没有自己的时间，没法陪伴家人、照顾孩子，更别说度假、消遣，泡上一杯清茶、去看一本书简直就是奢望……由于给家人的时间太少，他们的家庭关系紧张；给自己的时间太少，他们的健康令人担忧；给朋友的时间太少，能推心置腹的人也渐渐疏远。

是不是要成为一名成功的企业家、优秀的管理者，就不得不牺牲这么多，不得不如此忙碌呢？

我思考了这个问题很多年。因为，我也曾经那么忙碌，像一台无法停止工作的机器。

终于有一天我恍然大悟，我发现自己走进了一条死胡同。如果我再这样"忙碌"下去，我和我的企业、我的家庭、我的生活通通都要完蛋。我花了不少时间改变自己的想法，改变管理方法，经过很多次尝试，今天的我，终于可以经营着两家公司、一所学校，投资数家企业，却仍然有时间泡上一杯清茶，写下这些文字，与大家分享我的经验和思考。

我最重要的转变来自对一句话的新认识。

很多管理者都说"我这是对事不对人"，不知道这句话是何时出自何人之口，但这句话似乎已经成了一个"公理"，也成了一种人生哲学。"对事不对人"这种观点可以让我们做事更客观、更理智，是对抗中国这种传统人情社会的利器。但凡事有利必有弊，若一个管理者只能"对事不对人"，就会让自己陷入无尽的事务之中。事情做不完还是其次，共事的人也会渐渐疏远你，因为你已变成了一台工作机器，冰冷无趣。以后员工对你的评价大概只有一句："若不是看在钱的份儿上，谁为他工作！"可是会不会有更严重的情况，用钱都请不到人做事？ 这并非耸人听闻，而是实实在在的现实。下面这个故事的主角苏梅，就遇到了这样的情况。

02

/

黑洞

员工为什么要离职

苏梅是我的《升级生命软件》课程的一位学员，课堂上她向我诉说自己近日的苦恼，她说："团长，我当总经理这一年，很多中层员工离职。我已经给他们涨过好几次工资了，可还是留不住人，我该怎么办？"

苏梅是个怎样的人呢？她外表精明强干，洞察力很强，凡事要求尽善尽美，讲话直率，甚至有些不近人情。这些是我对她的观察。某堂课上，她当着很多同学的面告诉我："团长，你们宣传册印错了一个英文单词！这个错误太低级了，我都看出来了！"这个质疑让我略显尴尬，我向她道歉，也保证下课后会让同事修改宣传册，她才没有继续"追究"。

我们客服部的同事向我抱怨过，说苏梅是一个很挑剔的客户，要么抱怨酒店住宿不好，要么投诉用餐安排不合理。苏梅还很喜欢讲一句话："我这人就是对事不对人，你们做得不好我就是要指出来。"所以，我们客服部的同事很怕接待她，因为"太难伺候"。

我知道，像苏梅这样的女性管理者是不会直接听你讲道理的，我必须引导她自己思考。我问她："苏梅，回答你这个问题之前，我想问你一个问题：候鸟为什么会南飞？"

她说："冬天到了就没食物了。"

我点点头，说："如果给候鸟充足的食物，它们就不会南飞了吗？"

她想了一下说："还是会南飞。"

我问她："为什么呢？已经有足够的食物了呀。"

苏梅说："因为北方太冷了，候鸟会被冻死的。"

我对苏梅说："你给了员工足够高的工资，他们还是离开了，是什么原因呢？"

苏梅怔住了，久久没有说话，大概还没想明白为什么我会问她候鸟的问题。于是我又接着问她："你确定员工离职是因为工资不够高吗？"

"不完全是，"苏梅犹豫了一下回答说，"据我所知，有两个同事新工作的工资比我们给的低。"

我说："你想通过增加工资留住员工，会不会就像给候鸟足够的食物，但候鸟依然会南飞一样呢？候鸟南飞并非完全因为缺少食物，而是因为北方冬天太冷，它们无法生存。员工是需要工资，可是如果这份工作本身对他们的伤害不是工资能弥补的，他们还会继续留

即便给候鸟足够的食物，候鸟依然会南飞。

下来吗？"

苏梅想了想对我说："团长，我有点明白你的意思了，但是我该怎么做呢？"

我对苏梅说："在我的《NLP 教练式管理》课程里，会讲到两个概念叫'黑洞'和'发光体'，也许对你会有帮助。"

一位女领导的困境

在接下来的《升级生命软件》课程中，苏梅向我们讲述了一件让她久久不能释怀的事情，在这件事情中，苏梅第一次知道有种人叫"黑洞"。

那天苏梅刚要走出洗手间，突然听到两个同事在讲话。

"苏总今天来公司了吗？"这个声音听起来很熟悉。

"来了，上午还因为我的一个小疏忽骂了我一顿。哎，害得我一上午心情都不好，什么事都做不了。"细细的嗓音充满了委屈，苏梅当然知道是谁。

"我看到她就紧张，远远望见了马上掉头走。对了，你有没有觉得苏总很像……很像那个什么？"

"什么？"

"一个黑洞。每次和她在一起，我就觉得特难受，好像我的能量都被她吸光了。"说她是"黑洞"的人是苏梅最喜欢的下属之一，平时见到她总是微笑着打招呼，真没想到她会这样评价自己。

"你也有这种感觉啊？太对了，我之前和她一起做项目就有这种感觉，整个人无精打采的，所有精力都用来应付她，哪还有力气处理工作。她真的就是个黑洞！"那个委屈的声音一下子雀跃起来，仿佛发现了一件好玩的事情。

黑洞？听两位年轻同事这样评价自己，苏梅既气愤又震惊，差点想冲出去骂她们一顿，但是碍于修养，苏梅只能忍住怒气，想着等她们走了再悄悄走出洗手间。但是"黑洞"这个词却在她脑子里扎下了根，不停地出现。苏梅突然觉得有点儿心凉，公司为了培养员工投入了大笔培训费，自己栽培员工也花了不少心思，怎么到头来只换到"黑洞"这样的评价？

"你可要小心点，被她抓住了错误，可够你受的。"那个细细的声音故意压低了声调说，"上次我的一个报告写错了两个字，被她揪着说了好多天，大会上也拿出来说。"

"我记得，那次她说你什么？好像是'没有前途'？"另一个声音说。

"是啊，当着那么多人的面，简直让人下不来台。几个大区的老总都在呢，我自己的下属也在场，以后我的工作怎么做啊？你知道刘经理为什么要走吗？就是被她逼走的，再和她一起做项目估计都会变成神经病。"

"我现在也很小心呢，结果越怕就越犯错，越犯错就越怕。唉，这样什么事也做不了。""嘘，你小声点，不要被人听到了。"另一个人笑着说。

"怕什么，大不了我也辞职。况且我说的也是实话，苏总的标准那么高，有多少人能达到她的标准？达不到标准就挨骂，你看现在谁还敢做事？很多事情还不是最终落到她自己头上？我看她最近经常加班，经理走了那么多，估计她日子也不好过。"

"可不是，她再这样下去，估计大家都要离职了。"两个人边说边走出了洗手间。

苏梅僵硬地站在门后，耳边一直回响着她们的对话以及那个词——"黑洞"。"难道真的是我错了？我花了这么多心思在工作上，怎么大家竟然这样评价我？"

虽然又难过又气愤，但是苏梅也没有太多时间思考这件事，因为还有很多事情等着她处理。从她被任命为总经理到现在刚好一年，这一年公司业务范围扩大了，事情越来越多，人手明显不够。但雪上加霜的是，这一年里5位经理相继离职，其中还包括一位大区经理。苏梅不得不亲自上阵做一些本该下属做的工作。

她回到自己的办公室，坐在椅子上，揉揉发痛的太阳穴。

苏梅发现自己这几个月来，全部的精力都花在那些回复不完的邮件、开不完的电话会议、催促下属完成工作上，然而，她依然忙到时常没办法按时吃饭，工作做也做不完。没办法，每天都有新的情况发生。苏梅安慰自己说："业务扩展的时候是这样的。"但实际上她时常为工作焦虑得失眠，失眠让她第二天的心情更加烦躁，一旦发现下属犯了错误，哪怕是一些很小的错误，都能让她暴跳如雷。

其实苏梅自己内心也很清楚，那些离职的经理在某种程度上是想要"逃离"她。那两位下属说的其实没错，还没有离职的经理，大概是因为还没找到下家。

晚餐时，苏梅也没什么胃口，匆匆扒了几口饭，又回到公司加班。处理完一堆邮件，差不多已经午夜12点了。她揉揉酸涩的双眼，看着窗外的景色。夜已经深了，这座城市的高楼大厦已经脱去霓虹外衣，在深蓝天幕的映衬下，现出一个个黑色轮廓，如鬼魅般簇拥在一起。偶尔，她也想递辞职信，一走了之。

她又想起自己很多年前刚进这家公司的场景，和年龄相仿的同事们一起加班、一起哭、一起笑、一起被经理骂、被客户刁难，虽然很多项目都很辛苦，但那时大家心里却是快乐的。对了，快乐。快乐是什么时候不见了的？苏梅又想起今天下属在洗手间对她的评价——"黑洞"。对呀，我什么时候变成了一个黑洞呢？我为什么会成为别人眼中的黑洞呢？

夜晚下起了小雨，突然就降温了。

"好冷。"苏梅抱怨了一句，裹紧衣领，走出写字楼。苏梅不喜欢落雨的夜晚，很冷清、很凄凉。望着珠江新城繁华的灯光，孤独像潮水般涌上来，迅速将她淹没。

苏梅是个事业成功的女性。她从小就是一个"成功"的人。苏梅出生在一个重男轻女的潮汕家庭，她还有两个弟弟和一个妹妹，她是家里的老大，要承担照顾弟弟妹妹的责任。在她的印象中，她父母总是吝惜赞美她。她读书很用功，只有在她考得好成绩、考上重点高中和重点大学时，她才能从父母那里得到肯定。当她取得一次又一次成功后，赞扬她的声音越来越多，她从心里满足于这些赞美，害怕有一天这些赞美都会消失，所以，她逼自己取得一次又一次"成功"，不停地汲取那些"赞美之声"的养分。

她的生活看上去很完美，在广州最贵的写字楼工作，在珠江边拥有豪宅，帮弟弟妹妹找到了体面的工作，还给父母买了新房。但是她似乎永远对自己不满意，对身边的人不满意。她希望一切都完美，她为工作付出了很多，也得到了应得的回报，但是为何想更上一层楼的时候，她觉得很吃力？为什么那么多人都不喜欢她？她，真的如同大家说的那样，是一个"黑洞"吗？

具有"黑洞"特质的人

大家应该都知道"黑洞"是什么，它本来是一个物理学的概念，科学家认为宇宙中存在一种引力极大的天体，光都无法逃脱它的引力，这种天体一片漆黑，就像一个黑色的洞穴，故而被称为"黑洞"。

若用"黑洞"来形容人，他们会是怎样一种人呢？这种人似乎永远不满意别人做的事情，和他们见面前必须做好被他们挑剔、打击、责备的准备，久而久之，只要和他们在一起的人就会觉得自己的能量完全消失，他们仿佛"黑洞"一样吞噬掉周围所有的能量。

这样的特质，在"管理者"身上很常见。如果你是一位管理者或者老板，回忆一下你是否见到过这样的场景——在走廊上，你听见大家都在热闹地聊天，但是当你一踏进大门，所有的谈话声戛然而止，每个人都"认真"地埋头工作，虽然脸上明显还留着惊魂未定的神情。

如果你经常遇到这样的场景，那么恭喜你，你在员工眼中就是一个"黑洞"。

你为什么会成为"黑洞"

每一个人的现状都是由他或她的早年经历塑造出来的，回想苏梅的故事，我们大概也能揣度出她变成现在这个样子的原因。

最初，为了得到父母的肯定，她必须在学习成绩上表现出色。一旦不"出色"，父母对她的关注和肯定就会减少，所以她不得不努力去"做好"学习这件事，为了获得更多人的赞美，她就必须"做好"更多的事情以达到世俗的标准，包括考上好的学校、找到好的工作、事业成功、有钱过更好的生活、为父母买房、为弟弟妹妹操持工作的事情……

用事情评判一个人的价值，在这种氛围中长大的苏梅，自我价值感非常低。她必须不停地做好这些事情，才能证明自己的价值。被人称赞的时候，她会获得短暂的幸福感，但这种幸福感转瞬即逝，她不得不再去完成新的目标，以再次获得认可。

在苏梅成长的过程中，她的父母、老师或者周围的人只会通过她做的一件件事情去评价她，事情做得好，她就是有价值的人；事情做得不好，她这个人就没什么价值。在不停地做好一件件事情时，她往往会忽略人的感受，不仅忽略别人，也忽略自己。所以苏梅也渐渐形成了判断人的标准——你能达到我的标准，你就是好员工；达不到，不好意思，你就是个没用的人。因为有这样的判断标准，苏梅根本不会在乎别人的感受。

一个不在乎"人"的感受的管理者，怎么可能留住人？

> 在不停地做好一件件事的时候，往往忽略人的感受，不仅忽略别人，也忽略自己。

"黑洞"们的痛苦

读到这里，我想读者已经明白，"黑洞"特质的人大概是什么样子。他们主要有两个特点：

1. 用"是否做好事情"衡量一个人的价值，"对事不对人"。在他们眼中，只有事情的成败得失，没有人情冷暖，把人当成完成事情的机器。
2. 把焦点放在负面的事情上，很难看到别人做到了什么，只关注别人没做到什么，极少给予肯定和鼓励。

黑洞特质的人会在人生某些阶段取得成功，因为他们为了成功会足够努力、拼搏，但是这种成功大多持续不了多久。随着事业发展，他们再也不能通过单打独斗的方式取得商业成功，他们没有足够多的时间和精力去处理所有的事情，更不可能擅长每一个领域，所以必须与人合作。在与人合作的过程中，他们"致命"的缺点就暴露了出来——对事不对人。

首先，他们看不到"人"。如果别人达不到他们的标准，就会遭到贬低、指责，与他们共事的人完全没有成就感。与他们合作的人，要么离开他们，要么被动完成他们的指示。由于怕犯错，员工不仅不肯多做工作，甚至还会推卸工作。这就会造成一种后果，他们只能自己完成具体工作，或者必须不停地指导下属完成工作。

苏梅的下属离职率高，作为管理者，她必须承担起离职员工的工作，而在职的员工由于惧怕被她指责，士气低落，工作效率低下，以致越来越多的工作落到她自己身上。即便她工作能力超群，没日没夜地加班，也不可能独自完成整个公司的工作。所以，苏梅的生活渐渐被本该由下属完成的工作塞满。

每月电话费都超过 2000 元的郑嘉国也一样，他太在意员工是否能做好每一件具体的事情了，所以他什么工作都要过问。当然员工也乐得听从他的指挥，这样既不用动脑筋，也不用承担责任——既然都是按"老板"的指示完成的工作，做错了也是老板的责任。

除了工作上的忙碌，"黑洞"特质的人通常婚姻也不太幸福。他们不在乎别人的感受，自然也不在乎伴侣的感受。由于事业的忙碌，对伴侣的关心很少，对家庭的投入也不会太多。日积月累，他们的家庭矛盾就会越积越多，即便没有发展到离婚的地步，也很难称得上和睦、幸福。

更加令人担忧的是他们的孩子。由于他们总是用事情判断一个人的价值，他们自然会用同样的标准去要求自己的孩子。孩子接受的教养模式和他们当年一样，最终也会变成一个"黑洞"。

"黑洞"们不仅让别人的日子不好过，他们自己的生活也鲜有幸福。随着事业发展，他们会被工作拖累得疲惫不堪，疲惫又会加重他们内心的焦虑，而这时身边没有一个人愿意接近他们，他们十分孤独，却只能默默承担所有压力。

03

/

发光体

人人都爱"发光体"

"黑洞"特质的人让人望而却步，那么是否有一种与"黑洞"完全不同的人，能给人以温度与力量呢？

当然有，这种人我们称为"发光体"。在我的身边，就有一个具有"发光体"特质的人。第一次与他见面，我就被他那种温暖的特质所打动，在之后的交往与合作中，只要听到他给予鼓励的话语，无论面对怎样的困境，无论周围有多少轻视与讥讽，我都无所畏惧。

他能给人以力量的这种感觉，并不仅仅是我个人的感受，几乎所有接触过他的人都会如此。那些和他只交谈过几句的人，都会被他那种温暖的力量触动，与他相处的时光，成为他们人生中最珍贵的记忆。这个人就是张国维博士。

2001年，经朋友推荐，我认识了张国维博士，我从他那里感受到了NLP的魅力，于是开始推广他的课程。那时候国内几乎没有人知道什么是NLP，招生十分困难。第一个班我们只招到了14名学员，这样的招生局面真是让人沮丧，我也觉得很愧对张博士。可张博士没有丝毫不满，他鼓励我："招生没能达到期望值，我感到你有些失望。失望是可以理解的，你们已经尽力了。你放心，我会尽力教好这个班。我愿意和你们一起努力，只要我们大家一起用心做，一定会越来越好的。我相信你！"然后他拍了拍我的肩膀，那一刻我很感动，觉得自己充满了力量和信心。

20多年过去，张博士的班从最初10多人的小班，慢慢变成了数百人的大班。他不仅仅用NLP的知识吸引学员进入课堂，他的人格魅力也深深吸引着大家。在我们每年举办的实用心理学大会上，只要张博士一出场，上千人会一起起立鼓掌。一名记者听完他的演讲，在朋友圈写下这样一段话："我基本上没听懂他说什么，可我莫名其妙地喜欢上了这个老头。"

为什么那么多人都喜欢张博士呢，甚至有人"莫名其妙"地喜欢他？也许下面这个故事能够给你答案。

雯恬是张博士的学员之一，她走进张博士课程的那一年，正是她人生中最灰暗的一年。经历丈夫出轨、离婚、分割财产、转让公司等一系列磨难后，雯恬患上了严重的抑郁症。她接受了一年多的心理治疗，但情况时好时坏，很不稳定，在心理医生的推荐下，她来到了我们的课堂。

刚进入课堂的雯恬完全不能投入课程学习，仿佛只是为了完成医生的任务，她每天都坐在教室角落，抱着一台电脑看股票。她把自己沉浸在那些变换的数字与线条中，不听老师讲课，也不和同学交流，即便助教干预也没用，仿佛只有那些数万元的收益或亏损才能引起她的注意和兴趣。

张博士没有主动干涉雯恬的行为，但这一切他都关注到了。向我了解了大概情况后，他对我说："她既然来了，就是在听课。她只是暂时对生活失去信心，把自己关了起来，我们应该尊重她的内心世界，关注她而不干预她，关心她而不要求她，平常对待就好。"

第一阶段的课程结束后，雯恬并没有任何改变。我们都以为她不会再来听第二阶段的课程了，谁知她还是来了，仍然抱着电脑坐在角落看股票，不和同学交流。但是，我注意到她在股票收市后会合上电脑，抬头聆听张博士讲课，听到博士诙谐的语言后，也会露出一丝笑容。

课程进行到第三阶段的时候，雯恬已经坐到了教室中间，开始认真听课，也开始和别的同学交流了。

在最后一天毕业演讲的讲台上，雯恬流着泪分享了她这一年多的遭遇与经历。她告诉我们，这一年她从未停止过药物治疗。刚进入课堂的时候，她只是为了尝试一种不同的治疗方法，其实那时的她已经对自己的人生完全失去了希望。但经过这三个月的课程学习，她发现自己好像发生了天翻地覆的变化，就像一株已经枯死的植物又重新焕发了生机。这一年，蓦然回首，恍如隔世。若没有博士细致的体贴与关怀，她很难想象自己可以这么快康复。她希望把张博士这门 NLP 课程传播出去，帮助更多人。

现在的雯恬，已经是一名小有名气的亲子导师了，还在北京创建了自己的公司。

这样的故事在张博士的课堂里比比皆是，每次想起学员们对张博士感激的言语，我的眼眶都会有些湿润。张博士这样的人，就是我所说的"发光体"。在他视界以内的人，都会感受到他的温暖，即便处于人生最灰暗的时刻，也能从他身上找到前行的力量。其实，这种力量真的来源于他吗？不是。张博士说，这种力量源自你自己，他只是帮你找到了它。这也许就是"发光体"的本质——他们能照亮你通往自己内心的路，指引你发掘自己本来的潜力和能量。

读到这里，我邀请你暂时停止阅读，闭上眼睛，静静地想一想，你认识的所有人里，谁曾温暖过你的心，曾给过你力量，只要你一想到他或她，心中就会涌上一股暖流。想起这个人之后，请你深深地吸一口气，仿佛把他们给你的这种温暖力量吸进体内。从今天开始，好好珍惜他们，多创造机会跟他们在一起，让你自己的人生更加有力量。

具有"发光体"特质的人

"发光体"和"黑洞"一样，原是物理学的概念。"发光体"指能发出一定波长范围的电磁波的物体，肉眼可见的电磁波谱部分，就是我们所说的"光"。

我相信有些人身上也会发出某种波长的电磁波，这种电磁波不是肉眼可见的"光"，但是我们能感觉到它的能量。只要"发光体"出现，他或她周围的人就会感觉放松、踏实、温暖，充满能量，看到希望。

具有"发光体"特征的人有两个特点：

1. 能透过事情看到人。在他们眼里，人永远比事重要。他能够接纳你的情绪，读懂你行为背后的正面动机。在他面前，你永远不会觉得自己没有价值。

2. 焦点放在一个人能做到的事情上，而不是这个人做不到的事情上。他们从不吝惜肯定和鼓励，并且相信你能够做得更好。他们还能在你身上看到很多你自己都看不到的资源。

如何成为"发光体"

这个世界上有少数的幸运儿，他们降生在一个幸福家庭，父母都是心理健康且充满关爱的人。在成长过程中，父母为他们提供了足够的心理营养，所以他们内心强大，有着很高的自我价值。进入社会以后，他们为人处世身心合一，能敏锐地察觉到别人的情绪，看到别人的优点，待人温暖真诚。

但是这样的幸运儿并不多见，因为大多数的父母本身就是"黑洞"，他们又将"黑洞"的模式传授给孩子，所以孩子长大以后和父母一样，用相似的标准去评判别人。

如果我们没有幸运地降生在这样完美的家庭中，是否就没有机会成为"发光体"呢？不一定。你还可以通过后天努力成为这样的人。

张博士曾经告诉我，他年轻时的工作和工程项目相关，这些项目需要不断地寻找工程中的缺陷和问题，他也渐渐将这种工作习惯带到了生活中，开始挑剔别人的问题。对同事如此，对家人也如此。这样的生活，不仅令别人不快乐，他自己也不快乐。

一个偶然的机会，他接触了 NLP，这门课程的学问彻底颠覆了他之前对世界、对人生的看法。从此以后，他看待一件事情，并不会只是孤立地看这件事情本身，而是会关注做这件事情的人，关注这个人的情绪和动机。即便不赞同某个人的行为，他也不会否定这个人的价值。因为总是肯定别人的价值，帮助他们找到自己内心的力量，张博士也成了一位极受欢迎的 NLP 导师。

从"黑洞"到"发光体"

还记得那位孤独的女强人苏梅吗？她参加了我们很多课程，在我的《NLP教练式管理》课程复训的时候，她在课后找到我，和我聊了聊她课后的变化。

她说："团长，'黑洞'和'发光体'理论对我帮助很大，改变了我很多看法。回去之后，我找到那个想要离职的经理谈了话。我自己从来没有和下属这样深入交谈过，以前跟下属只谈工作，一直都认为管理就是'对事不对人'。上完你的课，我开始尝试去认识下属这个人，学会了接纳。真的谢谢您。"

她也告诉我，改变确实是一件不容易的事情。课程上的知识让她多了很多工具，也改变了她很多想法，但是在运用这些工具的过程中她也遇到很多阻碍，甚至还被人误解。可一路坚持下来，她的生活真的发生了很大改变。她来复训，想要巩固学到的技能，多和同学、老师交流。

苏梅说，现在周围很多人都觉得她越来越平和了。虽然她还是有很多事情要处理，但是心情好了很多。现在下属工作也比之前积极主动了，她相信不久就能过上既轻松又有成就感的生活。

除了忙碌的苏梅，在第二期的课程中，我也特意关注了那位不停打电话的郑嘉国学员。

他偶尔还是会走出教室接电话，但是频率已经低了很多。我问他："嘉国，最近工作似乎轻松些了？"

他说："团长，听了你的课，我还是希望不要再做'黑洞'，现在一些不太紧急也不太重要的事情我都让下属去解决。但有时我还是会不放心，比较重要的事情还是要自己把关。"

我说："那很好啊！你现在电话费也没那么多了吧？"

他说："是啊，每个月还是有几百块吧。我现在也把课上的知识教给员工，他们学到之后应该能承担更多任务，这样我就会越来越轻松了。不过，这个过程还是不容易啊！"

04

/

人生缺失的重要一课

确实是不容易。无论对苏梅、郑嘉国、我还是张国维博士，从一个"黑洞"变成"发光体"都不是一蹴而就的事情，需要投入很多精力去完成这种转变。但是一旦发生转变，当自己的世界发生了翻天覆地的变化时，你就会觉得过去所有的努力都是值得的。这本来就是我们人生中应该学的一门功课，可惜大多数人缺课了，因为本该教授我们这门功课的父母也缺了这门功课。

如果你新买了一台家用电器，也许会第一时间就去阅读使用说明书，但当一个比家用电器复杂很多倍的人降生时，却没人给他配一本"人"的说明书。

绝大多数人都是从身边最亲的人那里获得关于"人"的学问，一点点去了解别人和自己，然后随着年龄的增长，接触更多的人，对人的了解一点点增加。一个人对"人"形成关键概念、看法，形成自己的看法、价值观，都是在成年之前和父母共同生活的那些年，因此，父母对一个人形成怎样的价值观和世界观非常重要。可惜，很多父母自己也不了解"人"，因为他们的父母也没给他们一本关于"人"的说明书，他们对"人"的认识有失偏颇，无法厘清人与人的本质关系，又将这些偏颇的观念传递给自己的孩子。孩子在成长过程中一直用错误的方式与这个世界互动，这种错误方式可能让孩子与这个世界摩擦不断、碰撞不断，但他们却很难觉察到底是哪里出了问题，即便能觉察到，也难以改变。

其中，最为偏颇的观念就是"对事不对人"。因为这个观点的存在，很多人只看到事情，看不到做事情的人，事情做得好坏便成了评判这个人价值的标准。

"对事不对人"的观点在管理、婚姻和子女教育上十分常见，这种观点会带来十分消极的影响。事情是人在做，但是人却得不到关注与肯定，于是就产生了上文描述的各种人生苦相。

成长过程中对人认识的偏颇和片面，并非不可改变，但是需要投入精力和时间，用恰当的方法去改变、去补充。

你可能也会比较容易认同"关注到人的情绪和动机"这句话，但做到真的很难。"对事不对人"的行为模式一旦形成，即便你懂得"看到人"十分重要，你真的明白"看到人"对你的事业发展非常有用，

入手一台新家用电器时，你会第一时间阅读使用说明书；但人降生时，却没人给他配一本"人"的说明书。

029

对你的家庭和睦有益处，对你教育下一代更有用，但你也很难做到。

为什么会这样？第一，已经形成的信念是一种很难动摇的坚固力量，它们在我们的思维中扎根很深；第二，即便你真的动摇了一个固有的信念，你有方法形成另一个正确的信念吗？你有方法改变自己的行为吗？

我写这本书的初衷，就是希望把我25年来对心理学的各种研究实践融合起来，通过一个个真实的故事，让读者们看到、感受到心理学各种技巧如何运用到生活中，帮助我们看到"人"，认识"人"，了解"人"，重新补上人生缺失的一课，帮助大家拿到"人"的说明书。

下面的章节我会分别从管理、婚姻和子女教育等方面入手，讲述错误的观念怎样影响着我们的实际生活。同时，在每个故事中我都会讲授一个心理学知识，用它们来改变这种现状。

张国维博士是幸运的，我是幸运的，苏梅、郑嘉国和所有走进NLP课堂的学员都是幸运的，我希望这种幸运能传播到更多人的人生中。也许你们未必有时间、有机会走进课堂，但你们总有时间读一本小书，希望这本书能变成你人生中的一颗"幸运星"。

05

/

每个人都想证明自己是对的

事情，也许有对错，而人生，却很难分对错。我曾经在课堂上做过一个练习，让同学们相互告知，对方在穿着方面有没有哪里不对劲，并给对方提出穿着建议，然后问被建议的那位同学有什么感受。感受当然是不好，虽然带着善意去给别人建议，但是也会引起对方反感。所以，光有善良是不够的，还得有智慧。

设想一下，如果你的生活中有一个人，她或他很关心你、在乎你，但是他或她总是告诉你："你这样做是错的"，你会对这个人有什么感觉？当他或她说出"你是错的"这句话时，你是不是很想为自己辩解？如果这个人天天和你生活在一起，你会不会很崩溃呢？

我将这个问题提出来问学员，他们都表示，无法想象怎么和这样的人一起生活。但现实是，我们生活中有很多这样的人，而且这种人常常是我们很亲密的人，如我们的伴侣。当然，我们自己可能就是喜欢分"对错"的人。

为什么我们带着善意给别人提建议，反而会引起对方的反感呢？因为当我们给别人建议时，言语里面隐含了以下两个假设：

1. 你现在这样做是不对的；
2. 我比你水平高。

其实，没有人愿意承认自己是错的，更没有人愿意承认自己比别人水平低。一旦我们陷入了这种对错模式，凡事都要去争一个输赢，人与人的关系就会陷入僵局。

由于我常常会在课堂上做很多关于婚姻的个案，从这些个案中我发现了一个共同点——夫妻双方争吵的焦点通常都放在谁对谁错上。为了证明自己是对的，他们甚至会搬出过往许多事情，来证明自己的观点。最后引发争吵的这件事情已经不重要了，重要的是证明对错。

我记得在讲"婚姻关系"的某堂课上，我刚讲完上面那段话准备让学员们做练习时，一位女士主动表示，想要和我们分享她的故事。

焦点在"事"，看不到对方的"人"

这位女士叫徐岚，由于参加了我们的很多课程，我很了解她。徐岚是一个非常优秀的知识女性，外表干练、有气质，在一家外企做行政总监。她的前夫在一家著名的基金公司做财务经理，两人有一个可爱的女儿。在很多人眼中，徐岚是一个"完美女人"，美丽、知性、事业有成、家庭幸福，简直就是"人生赢家"。但是在半年前，她主动结束了自己的婚姻，因为她"受够了"前夫。

徐岚说："大家都以为我的婚姻很幸福，表面上看起来是这样。在外人面前，我和前夫一直很恩爱。所以，当别人知道我要和丈夫离婚的时候，都很诧异。我自己的家人也不能理解我选择离婚的行为，他们只是觉得我前夫'比较挑剔'，却不知我日日都要忍受这种被人否定的痛苦。"

徐岚和前夫是大学同学，两人学习都很优秀，毕业后各自进了不同的外企工作。徐岚性格温和，不喜欢与别人起冲突。但她前夫却正好相反，个性"固执"，很容易与别人发生争执，只要觉得自己有道理，就一定要"赢"。

结婚前几年，家里的决策基本都由前夫来做，因为只要徐岚提出反对意见，他就会据理力争。徐岚本着家和万事兴的态度，只有迁就丈夫，独自承受委屈。在孩子出生后，徐岚发现自己已经不能再一味迁就丈夫了。

小孩出生后，由于两人工作都比较忙，丈夫将自己父母接到家中照顾孩子。但徐岚很不赞成婆婆照顾小孩的理念和方法，于是给婆婆提意见。

徐岚回忆说："那时候我也不知道说话的艺术，加上刚生宝宝整个人比较紧张，所以一旦看见婆婆照顾孩子还在用那些'土方法'，我就很生气。于是我常常对婆婆说，你这样做不对，那样做不好。"

婆婆也是一个非常固执的人，徐岚与婆婆之间的矛盾越积越多，徐岚与丈夫之间也出现了隔阂。每当她与婆婆发生争执时，丈夫总是站在婆婆那边，即便婆婆真的做错了，丈夫也会说："别和老人家争论对错。"

但是丈夫却和自己争论对错。徐岚在婆婆那里受了气，丈夫又不理解自己，还时常指责她不懂事，说老人辛辛苦苦帮他们照顾孩子，徐岚不知感恩。

徐岚回忆说："也许从那时起，我就渐渐习惯了和丈夫吵架的生活。每天都会吵，吵得厉害了就赌气、冷战。"但是徐岚和丈夫都是很要面子的人，所以在朋友聚会、家庭聚会时，他们都会以"恩爱"的方式出现在别人面前。只有他们自己知道，这种"恩爱"有多少作秀的成分。

徐岚在委屈和压抑中生活了两年，等到孩子上了幼儿园，她和丈夫的工作也渐渐稳定，婆婆便不再和他们住在一起。但那时她的家庭关系已经很糟糕了，徐岚基本上和丈夫只聊孩子的事情。由于和婆婆关系不好，徐岚是绝不会与丈夫一起参加非家庭聚会的，两人渐渐变成了一个屋檐下的陌生人。

徐岚说："如果我们就这样'平静'地生活也好。虽然我和丈夫感情已经冷若冰霜，但至少给孩子保留了一个完整的家。可是孩子上学之后，我们又开始爆发'战争'了。"

丈夫提倡"虎爸狼妈"的教育方法，徐岚却认为要尊重孩子的天性。由于工作需要，丈夫经常出差，虽然不同意徐岚的教育理念，也没办法管太多。直到有一天，丈夫突然怒气冲冲地给徐岚打电话，要她立即回家。

徐岚刚开门走进房间，丈夫就把孩子的期末考试卷扔到徐岚身上。他对徐岚吼道："你看，这就是你教育的孩子。你看看她是什么成绩！"

徐岚轻描淡写地说："我早看过了。孩子有她自己的特点，何况一次考试说明不了什么。"丈夫说："她上课看漫画，被老师抓住几次了！你管不管？老师和你说过，没用，才找到我的！我才知道，这就是你教育出来的孩子！"

面对丈夫的指责，徐岚也据理力争，可是每次争吵，都是丈夫赢。因为，一个行政经理的逻辑，总是比不上受过训练的财务经理的逻辑。终于，受够了这种输的感觉的徐岚再也不能忍受了。

徐岚说："曾经没有和丈夫离婚，是因为想给孩子一个正常的成长环境。可是后来发现，这样的家庭环境根本不利于孩子成长，我们俩的教育理念差异如此之大，孩子常常不知所措。所以经过长时间的考虑，我还是决定和丈夫离婚了。"

最后，徐岚问我："团长，我和前夫的婚姻失败，是否就是因为我们都要争论对错呢？"

徐岚推测得没错，她和前夫失败的婚姻确实是缘于他们都在争论对与错。很多婚姻的破裂都缘于此，夫妻双方在争论的过程中，伤害了彼此的感情，让两人越走越疏远。两人都将焦点放在某件事情上的时候，便只站在自己的角度看待这件事，每个人都想找出各种理由证明自己是对的，以此说服对方。所以那些真正"赢"了争吵的一方，在不知不觉中输掉了情感。婚姻如果建立在争论谁对谁错的沙土上，一定不稳固。

徐岚说，离婚后她还和其他男子交往过，但是总不愿意走入婚姻，因为她在他们身上看到了前夫的影子，从好的方面来说是很有主见，从坏的方面来说就是得理不饶人。

徐岚有点担忧地问我："团长，如果我再次走进婚姻，还是遇到一个固执己见的丈夫，我应该怎么办才好呢？"

婚姻如果建立在争论谁对谁错的沙土上，一定不稳固。

其实要解决这个问题并不难，他们之所以会陷入输赢的争吵中，是因为双方的焦点都在"事"上，完完全全看不到对方的"人"。那个当初自己喜欢的人，被日常生活中的琐事给埋没了，对方的情感、需求、渴望和正面动机，没有人能看得到……

心理学确实有很多非常有效的工具，可以让我们从"事"中看到"人"，让我们从"黑洞"重返"发光体"，这些方法我会在后面的章节中介绍给大家。其实争论对错不仅仅是夫妻间常有的现象，在管理中也常会出现。下面的这个故事就是关于管理中"对错"之争的问题。

情感与理智

刘铭最近遇到了一件棘手的事情。

刘铭是公司总经理，他手下有一位员工叫吴浩然，年初刚来公司工作。这位员工比较特殊，是董事长的公子，刚从国外留学回来，董事长想锻炼锻炼他，将其郑重地交托刘铭手上，请刘铭带这位"海龟"熟悉中国市场的销售。现在公司正准备上市，少公子这时候回到公司，明眼人也知道董事长是在培养"接班人"了。

吴浩然在国外学的专业是经济管理学，硕士毕业，还在国外一家 500 强企业工作过几年。刘铭很清楚，董事长希望公子可以继承家业，才让自己亲自带公子学习业务，这也是董事长对自己的信任和肯定。刘铭也喜欢这位看上去温文尔雅的年轻人，想把自己在这个行业的所学都教给他。

可是刚到任两周，吴浩然就出了一件事。某天，一个客户打电话给刘铭说："刘总，你们怎么还不发货？我们这边都要急死了，怎么这次发货这么慢，是不是出了什么问题？"刘铭想，生产车间没什么问题啊，难道是仓库出了问题？刘铭只能回复客户："您先等我一下，我打电话问一下，尽快给您回复。"

刘铭很快查明了原因，是吴浩然给仓库下了命令，暂时不发这批货，因为销售环节还有一些问题。

刘铭催仓库尽快安排发货，自己已经亲自签了发货单，然而仓库负责人告诉刘铭一件事，让他大吃一惊：吴浩然不只扣了这批货，仓库到现在都还没接到发货通知。如果再不发货，估计刘铭会陆续收到客户的催货电话。

扣下货品这件事情吴浩然并没有提前和刘铭商量，"就算是董事长的公子，也该提前和我商量一下吧。难道'海龟'做事就是这样的？"刘铭无奈，只有打电话给吴浩然。

吴浩然走进办公室，还没等刘铭发问，他就对刘铭说："刘叔，我发现公司的管理有很多问题。首先，销售流程就不规范。"然后吴浩然拿出一本自己做的《改进销售流程意见书》递给刘铭，告诉刘铭，国外企业都是严格按照这套流程进行销售、库存和原材料购买的。

刘铭耐着性子听完吴浩然的分析，然后说："小吴啊，你这个东西是很好，但是我们公司用不上。我们的客户都是合作了很多年的老朋友，没有必要按照这些流程执行，大家知根知底，不用这么麻烦。"

吴浩然听完，立即反驳道："刘叔，想要成为一流企业，我们必须要按照现代企业的标准执行。不运用先进管理制度，企业永远做不大！"

刘铭心想，一个小毛孩儿，喝了点儿洋墨水，在外企干了几年，就这样不知天高地厚。虽说这家公司早晚是他的，但若照他这样"改革"，不出几年，公司一定关门大吉，作为陪伴公司一起成长起来的老员工，刘铭可不忍心看到这样的结果。若吴浩然只是一个普通员工，刘铭肯定早就骂他一顿了，说不定直接炒掉，可是吴浩然是董事长的公子，也可能是未来的董事长，刘铭还被特意叮嘱过要"带他"，所以刘铭只有暂时忍住怒火，对吴浩然说："好，你把这个意见书放下，我先看看。还有一件事，我听仓库说你让他们暂时不要发货？是什么原因？"

吴浩然说："是这样的，我翻看了之前和客户签的销售协议，他们必须先付 30% 的款项我们才发货，到货签收以后再付 30%，最后验收合格，在一个月之内付尾款。可是我问了财务，我们根本就没有收到预付款就安排发货了，还有几个客户验收合格都超过 3 个月了还没付尾款，所以我就要仓库暂时不发了。"

刘铭一听差点晕过去，生意哪有做得这么死板的？这几个客户都是十几年的合作伙伴了，货款不完全按照销售合同支付也是时有发生的事情，何况还是重要客户。刘铭对吴浩然说："小吴，我们有自己的具体情况。如果都按照国外企业标准来要求我们的企业，大家都没办法做生意了。这几个客户都是十几年的老朋友了，和你父亲关系也很好，即便他们真的欠款，我们也会把货物给他们的。大家做生意其实也是交朋友，没那么死板。"

然而，吴浩然却不认同这个观点，他说："刘叔，我查过企业的账，我们被拖欠了不少应收款。再这样下去，资金链如果断掉，我们自己也会完蛋。那个时候你和我老爸那些所谓的'朋友'还会来帮忙吗？"

刘铭和吴浩然根本说不到一块儿，于是第一次谈话就这样不欢而散。

就在刘铭还在考虑如何改变吴浩然"海龟"思维的时候，吴浩然又制造了无数"麻烦"。不久之后，一个老员工突然跑到刘铭办公室，扔给他一封辞职信："刘总，我能力不够，你批了，我立即走人！"

这个老员工叫陈启，算是公司元老了，一直在公司做得很好，这是怎么了？刘铭把信扔到一边，对陈启说："老陈，这是怎么了？"

陈启还在生气，说："刘总，我对你、对吴总、对公司都没什么意见，但是我自己能力不够，我只会小打小闹，使一些旁门左道的伎俩，以后公司要上市、要正规是用不上我们这些人的，与其被炒掉那么没面子，还不如自己走好了。"

刘铭一听，这是话里有话，于是赶快安抚陈启坐下，叫秘书沏了茶，亲自端给陈启。陈启的气似乎消了一点，然后说出了原委。陈启负责供应商工作，有一笔订单供应商以不开发票为由同意少几个点，陈启算了算利润也不错，于是就签了合约。结果被吴浩然发现了，吴浩然当着众人的面说陈启是在搞"旁门左道"，一旦审计发现公司和供应商合伙逃税，会面临巨额罚款。刘铭转念一想，吴浩然的说法也没错，只是他不该当着众人的面"羞辱"一个老员工。

刘铭好不容易才安抚了陈启，下午吴浩然就找来了。吴浩然说："刘叔，公司那些老员工也太乱来了！我们准备上市，怎么可以在税务流程上犯错呢？"

本来打算好好找这位公子谈谈，刘铭一听吴浩然这么说，就很不舒服了——吴浩然说公司老员工乱来，其实把他也包括进去了。他对吴浩然义正词严地说："小吴，你这样做是不对的！你得罪客户，现在又批评老员工，公司没有用你的那些'现代'管理法也一样做得很好！你有什么资格教训那些比你有经验的人？"

大概没有想到刘铭会勃然大怒，吴浩然也吃惊不小。但很快他就开始据理力争，把这几个月在公司看到的不合理的现象一一列举出来。其实这些情况刘铭都知道，也打算在上市前整治整治，但是他比吴浩然更清楚公司的情况，冰冻三尺非一日之寒，改革是肯定要改革的，但是不能这么激进。连自己都受不了吴浩然这种态度，其他人怎么受得了？

吴浩然要规范公司的流程管理，一切按照跨国企业的先进模式来运作，而刘铭经营这家企业10多年，从创业到准备上市，都是他与董事长齐心协力打下的江山，公司的发展壮大已足以证明他的方法没有问题，过去连董事长都让他三分，可是今天，两人却各持己见。究竟谁对谁错？

于是，一次次的谈话都在不愉快中结束。不愉快归不愉快，刘铭意识到吴浩然说的情况也有道理，公司面临的问题确实如此，只是如何让这个年轻的"海龟"不要那么激进呢？如何让这个年轻人听听自己的意见呢？如果两人每次谈话都是这样不欢而散，也许不久之后，他也会递辞职信。可如果自己就这么一走了之，吴总该有多失望。公司又真的经得住吴浩然那样的"改革"吗？有没有什么办法，既让改革顺利进行，又让所有人都接受呢？

一方面是对企业多年的情感，另一方面是吴浩然关于改革的理智，刘铭陷入了深深的沉思……

为什么人们总是争论"对"与"错"

对与错的争论不仅不会使事情变好，往往还会使事情越来越糟糕。但很多人即使觉察到了这一点，也很难停止争论。这是为何呢？

争论，只是一种行为。争论双方，其实都是在维护自己的信念、价值观、身份等对他们来说真正重要的东西，一旦他们承认自己"错"了，便是动摇了这些对他们来说更加本质的东西。所以，一旦你说别人"错"了的时候，这个人就会立即采取防御攻势，去保护那些对他来说很重要的东西，你之后提出的建议无论多好，也很难被他接受，因为，他的心门已经对你关闭。

从更深层次看，这就是一个人的自我价值。

自我价值是指在个人生活和社会活动中，自我对社会做出贡献，而后社会和他人对作为人的存在的一种肯定。自我价值在人之初是通过父母的接纳、肯定、承认、赞美、表扬、鼓励等方式逐渐建立起来的，其核心是自尊。

美国心理学家布兰登在《自尊的六大支柱》一书中对自尊做了如下表述：

1. 自尊是对我们思维能力的信任，对我们应对生活挑战能力的信任；
2. 自尊是对人人都可以成功，具有追求幸福权利的信任，以及对我们自身价值、对我们维护自身的权益、享受劳动果实的信心。

简单地说，自尊就是一个人对自己的评价，这种评价通常与成长过程中父母及老师等长辈的评价有关。大多数人的自我评价都不高，也就是说，大多数人在成长过程中形成了一个低自尊的自我。于是，大多数人都渴望通过一些事情获得别人的肯定，在获得外在肯定中寻求自尊。

一旦我们所做的事情被别人否定，就等于自我价值被否定了，为了维护那点仅存的自尊，就会奋起还击，争论就因此产生。这种争论已远远超越了引起争论的事件本身，最终升级为尊严之争，为了"对"与"错"背后的尊严，不惜夫妻离异、伙伴生隙。

这就是人们为何会争论对错的根本原因——保护自己！

06

/

有效果比有道理更重要

你需要的是达到效果，而不是证明道理

NLP 一直强调，有效果比有道理更重要。

在争吵的时候，双方都会认为自己有道理，而对方都是在无理取闹。事实是，争吵的双方可能都是对的，可惜的是，两个对的人却无法相处。有时你会发现，越是对的人，他的身边越是没有人，正是他的"对"，把身边的人一个个推远，因为，没有人愿意承认自己是错的。

那为什么每个人都有自己的道理呢？不是说真理越辩越明吗？为什么夫妻却越吵距离越远，生意伙伴越辩越难合作？难道就没有一个真理？

我最近去了一趟澳洲看朋友，有感于两地的差异，写了一首诗。

你的世界我不懂

你说

二月来潜水

八月来看雪

我以为你在开玩笑

你说

动物有腿不会走

鸟儿有翅不会飞

山是蓝色的

我觉得你智商有问题

你说

北方酷热难当

南方千年冰封

我想

你大概疯了

直到

那天我到南半球来看你

原来

你的世界我不懂

诗写得不好，但足以说明一点，你所处的位置会决定你的观点。不光你所处的位置，还有你的立场、你的角度、你的身份等，都会决定你的观点。

我认为北冷南热，是因为我站在北半球；一个澳洲人认为北热南冷，是因为他站在南半球；徐岚认为教育孩子要包容鼓励，因为她是母亲，她丈夫认为应该严格、有规矩，因为他是父亲；刘铭认为公司管理要灵活，因为他一直生活在中国，吴浩然认为公司管理要规范，因为他刚刚从外国回来……谁对？谁错？

谁都对，因为站在自己的立场来看，每个人都有每个人的道理。

谁都错，因为都没有去考虑别人的立场。

更重要的是，大家的焦点都在事情上，没有人看到对方这个"人"。

如果吴浩然能看到刘铭这10多年管理公司的不容易，能肯定他过去对公司所做出的贡献，然后，在尊重他是现任总经理的前提下，与他一起商量应收账款以及健全公司税务问题，事情会不会有所不同呢？

同样，如果刘铭能看到一位年轻人热火朝天的干劲以及敢于改革的胆色，能对他改革的热情及魄力给予肯定，然后再告诉他中国企业多年来形成的习惯，跟他一起商量最佳的解决方案，难道一位有世界500强企业经营管理经验的年轻人不懂得通情达理吗？

遗憾的是，绝大多数人都把焦点放在了事情上，完全忽略了人的存在，这就是对事不对人带来的后果。

只要把焦点放在事情上，就一定会聚焦于自己的道理。每个人都有各自的道理，当双方都坚持各自的道理时，事情的效果就会适得其反。在婚姻中坚持道理，结果可能就是离婚；合作伙伴坚持对错，结果就是分道扬镳。

只谈道理或者只讲正确而不顾有没有效果，是在自欺欺人。为什么我们要把焦点放在效果上？原因很简单，讲道理往往把焦点放在"过去的事实"上，注重效果才会把注意力放在现在和未来。任何计划的制订都是为了效果，效果是所有行动的目的。但是，很多人却忘记了这一点，最后变成只注重道理，一定要证明自己是对的，而忘记了本来想达到的效果。

这世界上没有两个人是完全一样的，成长环境不同，价值观也不相同。当一个人坚持道理的时候，就是将自己的一套信念、价值观和规条强行加在别人身上。被别人强加一套信念的时候，每个人都会本能地反抗，就如上一节所说，他要"捍卫自己"。

道理是理性分析总结出来的成果，它并非没用，但是真正推动一个人改变，需要感性的力量。仅仅有理性是不够的，理性可以使人们认同一个道理，却没办法执行这个"道理"。

所以，要真正达到效果，首先要抛弃"证明自己是对的"这个行为，让对方先在感情上认可你。婚姻需要道理，但是婚姻更加需要感情。一段婚姻只剩下道理而没有感情的时候，就名存实亡了。

道理是理性分析的成果，它并非无用，但真正推动一个人改变，需要感性的力量。

徐岚和她前夫其实都没错，站在各自角度，他们都有"道理"，他们两个人也只是为了使家庭更好，家人相处得更和谐，让孩子有一个更好的未来。然而在争论的过程中，他们太想证明自己是对的，所以最后完全忘记了本来想要达到的"效果"。

刘铭和吴浩然两人的观点也没有对错之分，一个人熟悉国内企业的运作模式，另一个人熟悉国外企业的运作模式，两人都希望企业越做越好，但是最后却变成一次次"不欢而散"。

让效果与道理共存

效果和道理往往可以并存，并不需要牺牲其中一个而满足另一个。

我告诉徐岚，如果她再次走入婚姻，面对争执不用感到恐慌，但是一定要记住，在争论某件事情的时候，一定要心中有爱、目中有人，也就是说，要通过这件事看到丈夫的正面动机，同时接纳他此刻的情绪，并对他所做出的贡献给予肯定。在情感上跟他连接在一起，然后再去讨论事情，这就是俗话说的"动之以情，晓之以理"，这样的争吵会让两人的关系更近。因为，双方都十分在乎对方，这样就没有什么谈不了的事。

同时，需要不断去觉察，因为一旦争论起来，就会陷入自己的"道理"中，要提醒自己从"道理"中走出来，去看看这样做会达到的"效果"。很可能两个人想要达到的效果是一样的，只是采用的方法不同而已。这时她可以完全接纳对方的做法，肯定他的想法。当一个人能够接纳对方的时候，对方也会对自己敞开心扉，这时两人就有可能达成共识，找到彼此都认同、都能达到效果的办法。

同样的方法我也告诉了刘铭，无论工作中遇到什么样的争执，都不要忘记——效果比道理更重要，但是效果和道理可以共存。刘铭很清楚，吴浩然的"改革"也是对的，只是刘铭不能接受他的方式。既然两个人都希望企业越来越好，那么他们想要达到的效果就是一样的，所以我也建议刘铭如果再和吴浩然谈管理上的问题，完全可以先接受他的观点，认同吴浩然的"道理"，然后两人一起协商用什么样的方式去达到共同期望的效果。

道理最终要服务于效果，没有效果的道理不具有任何意义。人们根本不用太在意某件事情有效果的时候是否符合某种道理，效果本身就是道理最有力的证明。当你掌握了"效果比道理更重要"这个前提，你的人生将会更加具有灵活性。所以，让自己有所觉察，清晰地知道"道理"与"效果"的关系，就能让你的"道理"为"效果"服务。

当然，要做到这一点非常不容易，因为人们维护的"道理"，其实是自我价值。一个自我价值低的人，一旦受到别人的批评或否定，他的自我防御机制就会被触发，就像抵抗外敌入侵一样，会动用自己的全部精力去抗争，此时此刻的他，很难有精力去顾及事情的"效果"。这也就是为什么我们经常看到很多非常聪明的人却不断干傻事。

所以，要从"对"与"错"的陷阱中走出来，真正做到效果与道理并存，最根本的起点就是提升自我价值。至于如何提升自我价值，我会在后面的章节中继续为大家阐述。

"对错"背后是一颗脆弱的心

在生活和工作中，我们总会碰到这样一种人，他们黑白分明，非此即彼，逻辑严密，他们总有办法证明你是错的。在他们面前，有时候你会感觉自己一无是处，浑身乏力，这种人就是我前面所说的"黑洞"。

我曾经就是这种人，这条路我走过，所以，我非常清楚。下面我想跟大家分享一个我过去的故事，通过这个故事，你可以看到，当年的我，在坚持"对"的背后，隐藏着一颗怎样脆弱的心。

我出生于广东的农村，曾经家里很穷。我还记得，读大学的时候从来不敢和同学一起去食堂吃饭，因为那时的我只买得起青菜。

那时的我有一颗玻璃心——害怕别人看见自己经济上的窘困，总要小心翼翼地保护那点倔强的尊严。越是保护，越是敏感；别人善意的示好，在我眼中都可能被扭曲成一种侮辱。那时的自己，就像一只刺猬，拼命守护着脆弱的自尊。

我曾邀请过一位朋友来家里做客，广东人有个习惯，招待客人都要泡茶喝。我拿出自己觉得很好的茶给朋友喝，朋友喝了一口，无心评论了一句："这个茶叶不好。"

这句随口而出的话，像一记耳光打在我脸上。

这位朋友回去后不久，给我寄了一包茶叶过来，说："你试试我这个茶，比你那个好。"我看着那包茶叶，觉得自己受到了奇耻大辱，立即给朋友回了封信，言辞激烈，一再强调自己就是喜欢自己的茶叶，喝不惯别的茶，然后将朋友送的茶叶硬是寄了回去。

一个偶然的机会走进心理学的世界之后，我才明白，因为那时我的自我价值太低，别人的好意被我看成"侮辱"。为了维护那点少得可怜的自尊，我不得不用尽一切办法，来证明我是对的。却不曾觉察，在我证明自己是对的同时，我把一包上好的茶叶推出了我的世界。

其实，被我推出世界的，又何止一包茶叶？

在接触心理学之前，为了保护那颗脆弱的心，我筑起了一堵又高又厚的围墙，把自己困在一个小小的世界里独自挣扎。

而"对"与"错"，就是那堵墙中的一段。

那我们该如何与这样一种人相处呢？

想知道如何跟他相处，我们就要绕过他所设置的墙，去看到墙对面的这个人。

你面前的这个人，看起来很强大，其实，在他强大的逻辑武装下，是一颗脆弱的心。他们也许在成长的过程中很少得到父母、师长的肯定、认同，在缺乏爱的环境中长大，心理营养一直得不到满足，形成了极低的自尊。为了保护那个弱小的自我，他们一定要证明自己是对的，否则他们无法在这个世界上生存。为了保护自己，在成长的过程中，他们学到了一套完整的逻辑，这套逻辑就像盔甲一样把自己武装起来。所以，我们要看到他们，不仅看到他们的盔甲，还要看到他们那颗脆弱的心。

我们能够明白这一点，事情就好办了。只要你能够听到他的观点，读懂他的期待，看到他的正面动机，并给予肯定，让他的渴望得到满足，这样，你们的感情就会加深，他那颗很久没被滋润的心因为得到了你的滋养而变得鲜活起来，他的灵魂也因而强大起来，那堵挡在你们之间的墙就会瞬间烟消云散。

这也许就是俗语所说的"士为知己者死，女为悦己者容"的原因吧。

想知道如何跟他相处，就要绕过他所设置的墙，去看到墙对面的这个人。

第二章

人生模式

01

/

你的模式决定你的命运

上一章我谈了人们为什么"对事不对人"以及"对事不对人"带来的不良后果。从这一章开始，我们学习如何对人。

争论对错这种行为是比较显而易见的，当人们明白了争论对错的真正原因，并且将焦点从"道理"转移到"效果"上的时候，问题往往容易解决。但是，人生中还有很多复杂的事情，并不像争论对错这么简单。

我们常常说命运，有些人时运亨通，有些人命运多舛，仿佛上天就是厚爱一部分人，而怠慢另一部分人。可是，一个人的命运真的是掌握在上天手中吗？如果真是如此，人人都不用奋斗了，坐等上天的恩赐就好了。这世上大部分人的成功是不可能通过"幸运"得到并且保持长久的，往往都要通过艰苦的奋斗和努力才能获得。天道酬勤，说的是只有勤劳的人才能拥有成功、财富和幸福。但是，我们也常常会看到这样的现象，一个人非常努力，人品也很好，不过他总是无法取得财富上的成功；不仅如此，在婚姻上也可能会有这种现象，有些人努力想要经营好一段感情，却总是在感情中伤痕累累。那么这些现象是否就只有用命运去解释呢？

很多人都觉得生活中有太多事情是自己控制不了的，但事实是，他们没有从自己身上寻找原因，他们没有发现事情的发展往往是由自己的反应和态度引导的。每一个人对待一件事情，都有一套固定的"应对模式"，只要他这个模式不改变，每一件事情都会被他自己导向同一个结果。他逃不开不幸的命运，因为他没有完全弄清楚自己的"模式"，也不知道如何打破或改变这个模式，他的命运就只会在不幸中重复。

从下面几个故事中，你能看到模式如何影响一个人的人生。

谁错了？

天色渐晚，路上行人匆匆赶回家。阿杰走进自家小区，看见一些孩子背着书包，一边嬉笑一边往家里跑，有些妇女提着一篮子蔬菜往家里走，整个小区飘散着饭菜的香味，眼前的景象和呼吸中的味道都催促着一个人回家。然而越靠近家门，阿杰的步伐就越沉重、缓慢、踟蹰，他在小区里徘徊了几圈，太太小希的电话第三次响起，他才犹豫着接了起来。

"阿杰，你怎么还不回来？饭都要凉了。"太太有些抱怨地说。

"快了快了，在楼下了。"阿杰敷衍着回答。

挂了电话，阿杰只能硬着头皮回到家里。但是，他知道等下太太一定会问他那个问题，他还没想好如何回答。

喝完一碗汤后，小希说："你今天辛苦了，讲了一天课，要不要再喝一碗？"

"不用不用。"阿杰摆摆手，他知道接下来小希就会问他那个问题了。

"谈好费用了吗？"小希漫不经心地问道。

阿杰听到这句话，心里咯噔一下，想："果然问了。"

"谈了。"阿杰咕哝了一句。其实他没有谈，但是不知道怎么回答，如果他说没谈，太太一定会大发雷霆。

"怎么收费？"小希接着问。

"这次……这次只是试讲，下次……下次再具体谈费用。他们还要考虑一下。"阿杰感觉自己的后背和手心都出汗了。

小希一听阿杰这样说，就知道他根本没有和对方谈课程收费的事情。小希将手中的汤勺一扔，转身瞪着阿杰，说："怎么这次不谈好？你不是又打算免费给别人讲课吧？阿杰，你自己看看这个月公司的开销，你开的是公司，不是慈善机构！"小希简直气得要炸了。

"我知道，但是这次课程很简单，都是老同学了……"阿杰看到太太那样生气，起身从餐桌走到客厅沙发，然后缩进沙发里。

"老同学怎么了？亲兄弟还明算账呢！你就是不好意思问人家要钱。"

"我这次课程是试讲，讲得好以后他们自然还会请我去讲，这次不要钱又有什么关系！"阿杰虽然这样说，但其实一谈到钱，他根本就开不了口。

"给别人试讲，有讲一整天的吗？"小希气得摔门，进了卧室。

看到太太气得跑进卧室，阿杰无奈地叹了口气。

这一切是怎么回事呢？这还要从几年前说起。

阿杰曾经是一所学校的老师，工作稳定。阿杰口才特别好，很擅长演讲，后来又参加了企业管理的系统培训，有了这些基础以后，阿杰便开始给一些企业做培训。因为他的培训课程质量比较好，渐渐就有一些朋友请他讲课。由于邀请他的人越来越多，阿杰便萌生了辞职自己创办培训公司的想法。经过一段时间思考，阿杰向学校递交了辞职信，又向亲戚朋友借了一些钱，创办了一所培训公司。

但是开公司和兼职打工是完全不一样的，公司只要开张一天，就要面临各种费用，还有大大小小的事务要处理。而这些都不是最重要的，真正开了公司以后，阿杰才渐渐发现自己身上有个致命的缺点——每次和别人谈课程费用，他就难以开口。兼职讲课的时候，别人给多给少他都不是很在意，有时给人免费培训他就当作训练。但是开了公司以后，课程就必须要按照一个标准价钱收费，如果不照此收费，公司就很难持续运营。

阿杰太太小希一开始非常支持丈夫创业，还将家里多年的积蓄拿出来给阿杰。第一年公司亏本，小希也没太在意，毕竟刚开始运营的公司，亏本也是很正常的事情。但是渐渐地，小希就发现了问题——丈夫的很多课程都是免费帮朋友，有时收费，但费用也不高。小希从最开始给阿杰提意见，到和阿杰吵架，阿杰总是敷衍的态度，有时说帮朋友忙，有时说谈好价钱了，但是不知道为什么别人总是拖着不给钱。

架吵多了，两人之间的感情也就渐渐出现了裂痕。尤其是这一年，小希劝说阿杰不要再办公司了，公司就像一个无底洞，家里不多的积蓄几乎全部要搭进去了。阿杰好几个月都没有收入，家里的生活完全靠小希一个人微薄的收入支撑。

其实这个事情阿杰自己也很苦恼，他不明白，为什么自己如此努力，却沦落到靠老婆养的地步？

阿杰是一个非常聪明的人，读书时也勤奋努力，成绩一直名列前茅。阿杰出生在农村，但是靠着自己的努力，上了重点中学、重点大学，后来进入一所重点学校当老师。他的太太小希也是看重他的上进心，当年不顾众人反对，嫁给了既没背景又没家世的他。两人婚后的日子也算幸福，如果阿杰不出来创业，可能他们两人现在还平静快乐地生活着。

难道真的是他错了吗？可是，如果错了，又错在哪里呢？自从工作后，阿杰就渐渐发现很多曾经读书远不如他的同学都过得比自己好，他心有不甘。一个男人希望自己能够挣更多的钱有错吗？他离开体制，想要自己闯一闯，挣更多的钱有错吗？

一个多月前，他碰到了一个老同学——亚伟。亚伟是阿杰大学同学，两人关系很好。工作以后两人各自忙事业，联系渐渐少了，只有逢年过节会问候一下。亚伟3年前创办了自己的公司，公司经营很好。亚伟找到他，正是听说他在开办企业培训课程，而这正是他们公司高管需要的。

阿杰想，这是一个不错的机会，又是自己的老同学，所以一口应承了下来。两人约好讲课的时间，便告辞各自回家。

回到家之后，阿杰把这件事情告诉了妻子小希。听到有人请丈夫讲课，小希自然是很开心的，但是她也非常担心丈夫又免费给别人讲课，于是提醒阿杰："你和他谈过课程费用的问题了吗？"

"这……还没有。我们周三上课前会谈。"阿杰有点吞吞吐吐的。

"要不要我陪你去？每次谈钱你就不敢开口。"小希担心地说。

"放心啦，这次不会的。"阿杰说。

但事实上，阿杰直到讲完课，也没和亚伟谈课程费用的事情，于是就出现了本节开头那一幕——阿杰不敢回家面对太太小希。

小希是我《升级生命软件》课程的学员。小希上课的时候告诉我，她已经没办法再这样继续和丈夫一起生活了。她希望我能帮她和丈夫做一次婚姻治疗，如果还是解决不了问题，她就准备离婚。

小希对我说，她现在很后悔和阿杰结婚。当年他们结婚的时候，周围很多人反对，但是小希觉得阿杰是重点大学毕业，很有内涵，人缘又好，最重要的是做事认真、努力，这样的男人，和他在一起生活绝不会差。

可是多年以后，小希才发现自己当初的判断全错了——阿杰确实是一个很努力的人，却是一个挣不到钱的人。最开始，小希认为阿杰在学校当老师，收入不高，这个可以理解。创业之后，两人的生活水平不仅没有提高，反而越来越拮据。她看得出来，阿杰其实挺努力的，但是为什么这么努力却赚不到钱？更让她受不了的是，每次谈到钱的问题，他都会逃避、搪塞，从来不正视这个问题。

小希认为，一个人一时穷没关系，可是穷太久了，一定是他的错。

这话好像挺有道理的，我带着好奇，也想看看阿杰究竟"错"在哪里。于是，我让她把阿杰带到了我的课堂。

初见阿杰，一表人才，也许是做过老师的关系，整个人都散发着浓浓的书卷气。

我问阿杰："你太太说你一直赚不到钱，这是事实吗？"

阿杰说："是的。"

我对他说："那我们今天来聊聊钱吧，你想挣钱吗？"

阿杰笑着说："当然，谁不想挣钱呢？"

我又问他："那你努力去挣钱了吗？"

"努力了啊，我从小就是一个努力的人。"阿杰说。

我点点头，又问他："那你认为你的智商如何呢？"

阿杰说："还可以吧，读书时每次考试我都是班上的前几名。"

我说："智商没问题，又努力，又想挣钱，可是一直都挣不到钱，你有想过是什么原因吗？"

阿杰无奈地摇摇头说："这个问题，我也不断地问自己，可一直没有答案，这也是我苦恼的原因。"

在和他对话的过程中，我一直观察着他的身体姿势，这是我做个案养成的习惯。我发现，他握话筒的左手一直在发抖。每一个做心理咨询的人都知道，我们可以借由来访者身体的反应，获得一些潜意识的信号。

我决定慢慢进入阿杰内心深处，去探索也许连他自己都不知道的东西。

我对阿杰说："我留意到你握话筒的手一直在发抖，把你的注意力集中到你的左手，你留意到了什么？"

阿杰说："我有点紧张，手心在出汗。"

我点点头，说："闭上你的眼睛，把注意力集中在你的左手，看看它想带给你什么信息。"

阿杰闭着眼睛，左手的抖动幅度更大了，慢慢地，我看到眼泪从他的眼眶里流淌出来。

我接着说："伤心是可以的。可以告诉我，你的眼泪在说什么吗？发生什么事情了吗？"

阿杰的眼泪抑制不住地流了出来，从小声地啜泣，渐渐变成号啕大哭。现场的其他学员都惊讶不已。

当时已有10多年的心理工作经历的我，面对这些情况早已有所准备，等他慢慢平复了情绪，才向我说出了小时候发生的一件事情。

有一年冬天，天气很冷，屋外大雪纷飞。还是个孩子的阿杰放学后就冲回家里，想赶快吃上一顿热乎乎的晚餐。可当他回到家里，却看见父亲瞪着他，然后质问他是不是偷了家里的钱。他确实悄悄拿了家里的钱去买东西，不敢告诉父亲，还侥幸地以为自己做的事情不会被发现。看见父亲怒不可遏的样子，他吓坏了，承认自己偷了钱。父亲气得暴打了他一顿，然后把他关到门外。他的哭喊声惊动了邻居，引来了不少人围观。不管邻居如何求情，他的父亲就是不肯开门。外面很冷，就这样，他在雪地里哭喊了很长时间，直到全身都冻僵了……

刚才他号啕大哭，就是抖动的左手把他带回了那一幕。

我问他：'当你重新回到这件不愉快的事情上时，你在那一刻产生了什么想法？"

阿杰低着头说："钱把我害惨了。"

读到这里，各位聪明的读者也许已经明白阿杰一直努力却挣不到钱的原因了。

就在那个晚上，"钱把我害惨了"这个信念深深扎根在了他心中。一个人若有"钱把我害惨了"这样的信念，又怎么去赚钱呢？有谁愿意获得会把自己"害惨了"的东西呢？阿杰在运营公司的过程中，一直不愿意触碰钱这个问题，是因为在他内心深处，钱是一个不好的东西。

随着时间的推移，"钱把我害惨了"这个信念就会使他形成一种模式，他虽然意识上很想挣钱，但是潜意识会阻碍他去挣钱，因为潜意识会保护他的安全。

一个人的模式不仅仅会影响到自己的财富，还会影响他的事业。通过下面两个故事，你能非常清晰地看到模式对一个人事业的影响。

生病也是一种模式

我的公司曾经有一个非常优秀的销售员叫小陈。小陈工作很认真，对待客户态度也非常好，是一个不可多得的优秀员工。

可是随着工作时间的推移，我渐渐发现了小陈的问题——她身体健康状况似乎不太好，每隔一段时间就会请病假，回家休息一段时间。而且她的病情似乎还比较严重，必须请她母亲亲自从老家过来照顾她。

这种频繁的生病当然对她工作影响很大，也自然会影响她每年的业绩。听同事说，小陈曾经看过很多医生，中医、西医都看过，也吃过不少调理身体的药，但是效果似乎都不明显。每工作一段时间，她的身体就会差一些，必须请假休息，才能康复。

有一次，她又来向我请假，出于关心，我便问了问她的病情。

她说："团长，我这个病有好些年了。去医院也检查过，但是也没查出来具体是什么原因。每隔一段时间，我就会觉得身体很虚弱，没有办法专心工作，只能在家里休息一段时间。有时特别严重，连日常生活都会受影响，所以必须要母亲过来照顾一段时间。"

我问她："每次生病都是你妈妈过来照顾你吗？"

她说："是的。妈妈很会照顾人，有她在，我会好得很快。"

我说："为什么不干脆把你妈妈接过来和你一起生活呢？说不定你妈妈陪着你，帮你照顾一下生活，你的身体会越来越好。"

小陈叹了一口气说："团长，我还有个哥哥，身体有残疾，妈妈平时必须照顾他。我也只有身体不好的时候才敢把妈妈叫过来照顾我。"

听小陈这样说，我觉得好像发现了什么。于是我继续问她："你小时候身体也这么不好吗？"

她想了想说："小时候似乎也没有这种奇怪的病，小时候爸妈还夸我乖，说我很懂事，不需要他们费很多精力，他们才有更多精力照顾我哥哥。我记忆中最严重的一次生病是中学的时候，半夜突然急性肠胃炎，接着就去医院打了几天点滴，差不多两周没上学，爸爸妈妈全程照顾我。"

我说："是从那时候开始身体就不太好了吗？"

小陈想了想，说："咦，团长，你这样说好像还真是。中学毕业后我去了外地读书，之后就在外地工作，似乎离开家之后身体就越来越不好。我想可能是水土不服吧。"我问小陈："中学生病那次，爸爸妈妈一起照顾你，你是什么感觉呢？"小陈不好意思地笑着说："其实心里挺开心的。原来爸爸妈妈都要照顾哥哥，所以并没有太多时间管我，那是第一次感觉自己好像成了家里的中心。当时心里想，其实生病也不错啊，有这么多人关心。"

听小陈这么说，我心里已经明白了她的病因——她的病，更多的是一种心病。每一个孩子小的时候都想得到父母的关爱，但是如果家里有一个孩子身体很弱，父母必然会将注意力更多地放在这个孩子身上，无形中就忽略了别的子女。小陈的父母一直夸她是个懂事的孩子，她应该也是想得到父母的夸奖，所以即便期望父母将注意力放在自己身上，也不敢表现出来。久而久之，这种需求就被她压抑下去。我们都知道，被压抑的需求不会消失，只会转化成别的形式表现出来。有一次，小陈突然生病，使父母将注意力放在了她身上。可能也就是这个时候，小陈发现，通过生病来获得父母的关心，既满足了自己的需求，也理所当然不会被父母责怪"不懂事"。所以，"生病"渐渐成了她的一种争夺爱的模式，但这种模式却十分隐秘，不会被人发现，甚至连她自己也未能意识到。她每一次莫名其妙的生病都源于她渴望得到家人的关怀，但是又没有办法说出口，结果这种被压抑的需要就转化成了一些躯体化症状。

我把我的想法告诉了小陈，小陈若有所思地点了点头，对我说："团长，你说的这个原因我接受。因为每次妈妈只要过来照顾我，我的病就会好很多，也并没有吃什么药。只要妈妈在，我的心情就会很放松，感觉很安全。"

我建议小陈，如果思念家人的时候，就给他们打电话，当然也可以直接表示对他们的思念。即使没有生病的时候，也可以趁假期多回家看望他们。

小陈接纳了我的建议，从那次之后，小陈每年假期会回家看望父母，每周都和父母通话。她告诉我，因为那次谈话，她自己觉察到了内心的需要。她在父母心中一直是一个不需要特别照顾的孩子，这也成了父母的骄傲，甚至会经常在别人面前表扬她。越表扬，她就越不敢表达自己内心渴望父母关心的需要，只有在生病的时候才能无所顾忌地表现出来。但是，她自己也没发现生病原来和心理需要有关。

俗话说，心病还需心药医。小陈一直没有找到那服"心药"，所以看了很多医生，吃了很多药，还是不好。

像小陈这样的人，其实并不少。通过身体健康状况不佳这种模式获得别人的关心，避免直接的责怪，是很多人在无意识中会采用的一种方式。只是有些人偶尔用一用，不会成为一种行为模式，有些人却会经常使用，如果他们自己不能觉察到这种模式的成因和背后的信念，他们永远无法打破这种模式。

小陈的故事又让我想到了另一个女孩，这个很漂亮的女孩子在课堂上向我提出了她面临的一个困难……

害怕也是一种模式

小茜见过一次吴总——他是一个非常威严的中年男士，平时不苟言笑，说话做事又很有原则，为人又很细心，各种细节都能观察到，但如果发现错误，他一定会不留情面地指出来。

其实小茜根本不想应付这样的客户，可是没办法，总经理亲自把这个客户指定给她负责。总经理对小茜抱有很高的期望，小茜聪明伶俐，为人细心体贴，很多客户都对她赞不绝口。总经理也有心栽培她，所以故意将这个大客户安排给小茜。总经理说："如果你能够让吴总与我们合作，你今年的业绩都不用担心了。"还悄悄告诉她，"我已经和吴总谈过两次了，他对我们的产品是有兴趣的，你就当正常客户跟进一下，详细给他讲解一下，这单基本就可以拿下了。"总经理对小茜说，"若吴总谈下来了，你可要好好请我吃饭。你能谈下他，今年销售冠军肯定是你。"

可是总经理根本不知道小茜心里的担忧——她一见到那种气场很强的男士，就会非常恐惧，讲话也会语无伦次。总经理自以为帮了小茜大忙，其实小茜心里叫苦不迭。

"张小姐，吴总请您进去。"吴总秘书邀请小茜进办公室。

小茜硬着头皮走了进去。吴总正低头看着手机，皱着眉头，表情严肃。看见吴总那个样子，小茜脑子突然"嗡"的一声一片空白，刚才想好的话全部忘光了。

小茜傻傻地站了几秒，直到吴总抬起头看见她，对她点点头说："坐吧。"

小茜僵硬地坐在沙发上，一言不发。直到吴总有点奇怪地看着小茜，小茜才反应过来，说自己是总经理派来给吴总介绍产品的。

吴总说："你们那个产品，我知道了。不过我打听过，市面上其实还有好多家生产同类产品的企业，你们的价格算是高的，有什么不同吗？"

通常情况下，若客户主动问起，小茜一定可以滔滔不绝地讲出产品的很多优势，再运用一些销售技巧和心理共鸣，多数客户都会心甘情愿地埋单。即便有些犹豫不决的客户，小茜在之后几天再跟进一下，基本都可以将产品成功销售出去。可是在吴总面前，小茜突然就退化到了实习生水平，连自己的产品都说不清楚。

大概 20 分钟之后，小茜已经讲得汗流浃背，吴总脸上也出现了一些不满和不耐烦的神情。吴总打断了小茜，说："你说的这些和你们这本宣传册没什么区别嘛！别的公司也是这样宣传的，我看不出什么区别。这样吧，我一会儿还有会议，你把宣传册留下来，我看看就行了。"

小茜如释重负，哆哆嗦嗦地退出吴总办公室。但她心里也非常清楚——这单被她搞砸了，总经理肯定对她很失望。

果然，她不久便接到总经理电话。总经理说："小茜，你是怎么和吴总谈的？ 他刚才给我打了电话，很不满意，说我们派了个没经验的同事过去敷衍他。"

"我，我……"小茜觉得自己无言以对。

"哎，算了，本来想着这么好的客户介绍给你，我只有另外找个时间专门去向他道歉，亲自解释一下。"

总经理挂断电话之后，小茜心里非常难受，忍不住流下了眼泪。

小茜是我课堂上的一个学员，她告诉我，她做销售业务时常会遇到各种各样的人，但有一种人她完全不知道该怎么应对，就是像吴总那样"强势的客户"。明明平时很淡定、很从容并且口才也很好的她，一旦面对这样的客户，就会变得语无伦次，甚至紧张到发抖，和这种客户接触时，她就会觉得非常不舒服，想要退缩。

除了害怕强势的客户，她也很害怕强势的领导。在现在这个总经理手下做事之前，她其实还与另一位总经理共事过，那个总经理也是一个非常强势的人，小茜非常害怕他。用小茜的话形容，在他手下工作，就像"一只羊被一只狼监视着一样"。那时，小茜的精神非常不好，每天战战兢兢，曾一度想要辞职，幸好那位总经理离职了，新来的总经理是一位非常和善的人，在他手下工作的小茜才感觉松了口气。后来小茜业绩越来越好，总经理也对她寄予厚望。可是，这次却被她搞砸了。

小茜自己很清楚，如果想要事业更好地发展，她一定要学会和这类人相处。她说："如果我能和这一类人相处融洽，我的事业发展会比现在好不少。"可是她却不知道该怎么办，只要一见到这类人，她内心的恐惧就完全没有办法控制。

我对小茜说："你愿意寻找一下自己的模式吗？"小茜表示愿意。

我问小茜："你现在工作中最困扰的是什么地方？"

小茜说："我最困扰的地方就是，不知道如何与强势的客户打交道。每次与这样的客户打交道，我就会莫名恐惧。"

我引导小茜，让她想象一个类似的场景，然后跟随自己的这种恐惧，看看这种感觉是否能够将她带到过去的某一个事件中，这个事件可能是在她小时候发生的。小茜又回想起见到吴总的场景，慢慢体会这种感觉，然后，她对我说："我……我感觉，我小时候见到爸爸的时候，其实也有类似的恐惧。每次见到爸爸，就觉得他可能又要批评我哪里做得不好了，我很害怕，想要逃跑。"

小茜告诉我，她的爸爸在家里是一个非常强势的角色，对她要求很高，常常指责她做得不够好。在父亲面前，小茜觉得自己没有地位，甚至没有尊严。即便如此，小茜却一直渴望得到父亲的认可与肯定。有时她很努力去做一些自己并不喜欢做的事情，其实就是为了得到父亲的肯定。小茜说，她成绩一直不太好，曾经非常想去读艺术专业，可是父亲觉得艺术是一种"不务正业"的专业。为了得到爸爸的认可，小茜只能很努力地学习。即便如此，父亲仍然对她的成绩不满意，总是指责她不够努力。

毕业后，她选择了离家很远的地方工作，再也不用面对爸爸的指责了。但是，对父亲这种恐惧感渐渐泛化到了那些"强势的人"身上，每当遇到这样的人，小茜看到的就是自己父亲的影子。

我问小茜："每当想起父亲，你就会觉得恐惧。当你面对这种恐惧的时候，你的头脑里会出现什么想法呢？"

小茜说："我……感到自己……是个没用的人，什么也做不好。"说到这里，小茜的眼泪也跟着流了下来。也许小茜和她父亲都不知道，当父亲对她取得的成绩不满意的时候，小茜内心会觉得很无力。因为她已经很努力了，却达不到父亲的要求，她会渐渐觉得自己是个没用的人。

我对小茜说："你现在走动一下，走到你对面那个位置。想象一下，在你对面，是一个叫小茜的小女孩。她刚把考试成绩告诉爸爸，爸爸很不满意，批评她学习不够努力。现在她很伤心地躲在房间里，你看到她了，你可以走过去跟她说话，安抚一下她，也可以用你现在这种成熟的智慧给她一些建议。"

小茜"走到"那个年幼的自己身边，对她说："每一个人都有自己擅长的地方和不擅长的地方。也许你并不擅长应对学校的教育，这并不代表你没用。恰恰相反，当你长大之后，你从事着一份很好的工作，很多人都喜欢你，因为你帮到了他们，你热情地为他们服务，他们都很信任你。爸爸对你的要求很高，只是他以为要学习好才能找到一份好工作，他担心你以后无法适应社会，他并不知道这样会伤害你。所以，其实你会成为一个有用的人。"

说这些话的时候，小茜一直在流泪，但我看见，她脸上的表情已经慢慢放松，身体也没有之前那么僵硬。

我对小茜说："那么现在，你也可以为自己建立一个新的信念，你并不是没用的人，你对很多人都有价值。对你的客户来讲，只有通过你的介绍，他们才能选择到最好的产品，而且通过你的服务，他们才能更好地使用这种产品。吴总也是你的客户之一，他想购买一个产品，但市面上有太多同类的东西，他不知道哪种好，只有通过你的帮助他才能够鉴别出来最适合他的产品，所以对他来讲，你是有价值的，你是在帮助他做出最明智的选择。"

"而且，其他男性都不是你的父亲，你也不用把他们看成你的父亲。你这么优秀、美丽又聪明，在他们面前你是有价值的。这样看待自己可以吗？"

小茜说："可以。"

我建议小茜带着这个信念去想象再见到吴总时的场面。同时，我让她在课堂上找一个看起来很强势的男性，向他介绍自己，和他聊聊天，看看效果如何。小茜选择了一位看上去很威严的学员并和他交流，她说，这位学员看上去比吴总"强势多了"。但是，带着新的信念，小茜能够很自然地向这位学员介绍自己，甚至介绍自己的公司和产品，那种恐惧和不舒服的感觉大大减弱了。

有很多人都不知道，我们会将原生家庭中形成的信念带入工作中，这种信念会左右我们的行为和态度，久而久之就会成为一个人的模式。因为很少有人会觉察到自己的模式，更不用说模式背后的信念，所以很多人一直采用同一模式应对工作中的很多情况。这些模式或许在自己原生家庭中是有效的，但是迁移到工作中就会出现很多问题。小陈和小茜的情况都是如此。

一个人除了会将原生家庭中形成的信念带入自己的工作中，渐渐形成一种模式，还会将一些信念带入自己的婚姻中，形成寻找伴侣的模式。小秦的故事就是这样一种情况。

为什么她总是吸引暴力男

一次课堂上，我注意到一位女士，她叫小秦，她一直坐在最后排，非常沉默，既不和邻座的学员交流，也不怎么积极参加练习。遇到这样的学员，我通常会更多留意。

这位女士大概 30 岁，穿着一件灰绿色的长裙，头发有些散乱，精神状态似乎不太好，整个人比较萎靡，仿佛已经失去了打扮自己的欲望。这和其他同学是很不一样的，大部分来参加课程的同学，上课前会认真整理自己的衣着。当一个女性失去打扮自己的兴趣时，她很可能遇到了很多困难。我当时心里也暗暗期望，这堂课能够帮助到她。

当讲到婚姻这个话题的时候，我注意到小秦的表情突然显得有些紧张，开始专注起来，显然这个话题她非常在意。

当我邀请学员们上台做个案的时候，沉默的小秦突然站了起来，用恳切的眼神看着我，用一种近乎哀求的语气，非常希望我能帮她做个案。

我邀请小秦来到教室前台坐下。小秦握着话筒，用一种有些颤抖和沙哑的声音向我们描述了她的遭遇。

小秦是一个事业有成的女性，她在事业上的成就让很多人羡慕。然而，她的婚姻却非常不幸。

几年前，小秦不堪忍受前夫的家庭暴力，结束了7年的婚姻。这段婚姻除了给她留下满身伤痕，还留下了无数噩梦。即便和前夫离婚已经好长时间了，她仍然会梦见被前夫家暴的场景。

经过一段不短时间的恢复，小秦才慢慢从离婚的失落和对男性的恐惧中走出来，开始接触新的男性。那时小秦才30岁出头，仍然年轻貌美，有不少男性开始追求她，其中阳刚帅气的阿强很快就走进了小秦的视野，小秦很喜欢那种很有男子汉气概的人。

然而不久，小秦发现阿强也有暴力倾向。恋人之间发生争吵是很正常的现象，但是每次发生争吵，阿强都会打小秦。气消了之后，阿强又会找小秦请求原谅。

每次被阿强打，小秦都下定决心要和他分手，可阿强只要来求她，她又会心软。于是，两人就在这种纠结的关系中相处了几年。

小秦感觉非常疲倦，这两段感情仿佛已经消耗掉她所有的精力，她现在对婚姻、感情都很失望。讲到对婚姻失望的时候，我注意到她开始有些哽咽，声音变得很低沉，她的身体也变得僵硬。

她说，其实她内心非常希望有一段美好的感情，可总是遇人不淑，她不知道是不是自己命不好。

我对小秦说："听了你的讲述，我已经比较清楚你的状况了。现在我们来尝试做些什么，看能不能帮你消除这样的困惑。"

小秦点点头。

"小秦，能否请你先把你的注意力集中在生活中最让你困扰的地方，然后去体会一下，这种困扰带给你什么样的感觉？如果这种感觉让你难受、伤心，想要哭泣也没有关系。"

小秦闭上眼睛，沉默了许久，我看见她肩膀渐渐耸起来，眉头紧锁，咬着嘴唇，脸上的表情也越来越痛苦，仿佛在强忍着自己的眼泪。

我对小秦说："小秦，现在你心中的感觉强烈吗？"

小秦咬着嘴唇，点点头说："我觉得很痛苦、很焦急，想要做些什么，但似乎又无能为力。"说完，小秦的眼泪夺眶而出。

"小秦，我看到了你的眼泪，你的眼泪在说些什么呢？"

小秦嘤嘤地哭出声来，不断地点头。

我说："小秦，这种强烈的情绪在向你诉说着什么事情呢？我邀请你跟随这种情绪，看它会把你带到哪里。"

"不知道为什么，我眼前总是出现我爸爸的样子。"小秦说。

"多说一点。"

"我看见爸爸在打妈妈，妈妈在哭。我不知道能做什么，我也很害怕，我怕爸爸打我，但是我真的好想叫他不要再打妈妈了。"说完，小秦将脸埋进手里，哭出了声。

我问小秦："当你看到爸爸打妈妈，很难过、很伤心的时候，还有别的什么感觉吗？"

小秦说："我很内疚。我一点都帮不到妈妈……"

小秦说，她的父亲是一个非常强势的男性，母亲很软弱。父母吵架的时候，父亲常常会殴打母亲。每当这个时候，小秦就会吓得躲起来。她说小的时候，她常常暗自责怪自己不能帮助妈妈，她很想改变爸爸，但是因为害怕，每次看见爸爸打妈妈，她只能躲得远远的。她非常希望自己能够变强大，改变父亲，让父亲变成一个不会欺负母亲的男人。

内疚，强烈地想帮助妈妈，去改变爸爸，可又无能为力……这就是小秦童年经常发生的事，久而久之，就变成了小秦的一个未被满足的期待。随着年龄的增长，意识也许已经忘记了，可是在潜意识的深处，这个期待一直存在着，这就是小秦思想里的一个病毒。

身体的病毒会破坏我们的身体机能，而思想里的病毒，它直接操控我们的行为，摧毁我们的人生！

我对小秦说："小秦，现在我请你想象一下，如果回到过去，你又进入父亲打母亲那个场景，你看到了那个躲在一边内疚自责的自己，那时你还是个小女孩，你能看到这个画面吗？"

小秦哭泣着说："我能看到。"

"你会如何帮助那个内疚的小女孩呢？"

"她好可怜。"小秦一边哭泣，一边擦着脸上的泪水。

"试着跟她说点什么。"

"我不知道对她说什么。"

意识也许已经忘记了，可是，在潜意识的深处，这个期待一直存在着。

"那你试着跟我说一番话好吗？如果你觉得内心不愿意说，你可以停下来不说的；如果你觉得可以接受，你就试着跟我说，好吗？"

"好的。"我注意到小秦的情绪慢慢有点平复了，这是好的迹象。

小秦一边流眼泪，一边说："小秦，我知道，我知道你很爱妈妈……"说着，小秦的哭声又变大了，"很想保护她。可是，可是你还那么小，你什么也不能做，不能阻止爸爸，去，去打妈妈。呜呜呜，那不是你的错。呜呜呜……"

说到这里，小秦已经哭得说不出话来。我没有催促她，等她哭声慢慢止住，我鼓励她继续说下去。她接着说："你不能改变爸爸，你没有这个责任。他们有他们那代人的无奈，他们有自己的命运，你没有能力去改变他们。你要做的，就是活好你自己。你自己好了，就是对妈妈最好的爱。"

我问小秦："小秦，你现在可以原谅自己了吗？"

"嗯，我觉得没那么内疚了。"小秦擦干眼泪。

"从你父母的婚姻中，你学到了什么？特别是用今天作为成年人的你的智慧去看，爸爸打妈妈，妈妈有没有责任呢？"

"我想也有吧，妈妈总是想去改变爸爸，从某种角度来说，也是一种控制。以前总认为是爸爸的错，现在看起来，妈妈也有不对的地方。"

"回想一下你跟前夫或现在的男朋友相处时，有没有妈妈的影子？"

小秦沉默了很久，不好意思地对我说："我一直想改变他们……但是那也是为他们好啊。"

"改变别人，那是为了他好"，这就是小秦思想里的病毒，现在，这个病毒已经清楚地呈现在眼前了。坚持过去的想法，只能得到过去的结果，如果要让生命发生改变，最简单而有效的方法就是清除病毒性信念，建立新的强而有力的信念。因为，信念决定行动，而行动创造成果！

于是，我盯着她的眼睛，让她没有任何可以回避的空间，问了一个足以让她反省好长一段时间的问题："小秦，从你妈妈到你，都想去改变伴侣，你们做到了吗？"

"没有……"

"既然试了两代人都没有效，你还要继续试下去吗？继续发挥愚公移山精神，前赴后继地试下去好不好？你改变不了丈夫，就把这个法宝传给你女儿，让她延续你们的命运好不好？"

"不！"小秦近乎疯狂地喊出来，而这，正是我要的发自她内心的改变力量！

"既然去改变对方没有用，那怎么办？"

"我不知道，团长，你说我该怎么办？"

"有一句话叫'当局者迷，旁观者清'，你再用你的智慧去看看你的父母，如果有一种可能性你爸爸不会打你妈妈，这种可能性是什么？"

坚持过去的想法，
只能得到过去的结果。

"我妈妈不去管我爸爸，不去干涉我爸爸的事情。"

"可不可以换一种说法：妈妈多点尊重爸爸，而不是老想去改变爸爸？"

"是的，就是这个意思。"

"从这里你学到了什么？"

"尊重，而不是改变。我好像懂了，团长。"

"我告诉你，有些事情很好玩，当你懂得去尊重，而不是去改变，改变就奇迹般地发生了，你相不相信？"

小秦说："至少值得尝试。"

是的，至少值得尝试！当重复过去的方法没有效果时，新的方法至少值得尝试，不是吗？

小秦并不知道，自己从小"想要改变父亲"的念头一直在影响着她。小时候的她看见父亲打母亲，不仅希望自己不要变成妈妈那样懦弱的女人，还希望自己能够改变父亲这样的男人。没能改变父亲让她非常内疚，她"要改变父亲这样的男人"的念头使她一次次遇到暴力男，因为她潜意识一直在"寻找"暴力男，期望自己能够改变他们。所以，小秦也并不是没有获得美好感情的运气，而是她有"要改变暴力男"的信念。

一个人的模式是怎样形成的？为何会形成这样一种模式？通过上面几个故事，我相信你已经有了答案。

你能准确发现你的模式对你人生的影响吗？怎样改变固有模式，从而改变你的命运？这些问题，都能在下面的章节中得到解答。

02
/
你的模式，决定你的人生

什么是模式

模式，就是一个人固有的行为、思维、情绪反应等的统称，当一个人按照某种方式应对外界的时候，外界也会给他固定的回应。渐渐地，一个人与外部世界的互动就形成了一个固定的模式，这个模式将会影响一个人的一生。

每一个人都有自己应对各种场景的模式，有些模式有效，有些模式不仅无效，还会给当事人带来不好的效果。

勤奋聪明如阿杰，本应该挣不少钱，过上富足的生活，因为他内心深处一直有个声音在提醒他"钱是不好的东西"，所以在面对钱以及与钱有关的事情时，他的潜意识会让他选择逃避。

为了得到父母的关怀，让父母的注意力从哥哥转移到自己身上，小陈每隔一段时间就会生病，严重影响了工作；而小茜则因为恐惧父亲，面对父亲就觉得自己没价值，在工作中面对强势的人就会恐惧害怕，影响了自己事业的发展；小秦就更加可悲，她以为是自己运气不好，遇到暴力男，却并没发现其实是自己在寻找暴力男，即便她生命中有很多温柔的男性出现，她也不会注意到他们。

模式对一个人影响很大，有人常常抱怨自己运气不好，但很可能是因为自己的模式有问题，才总会遇到各类不顺的事情。

模式是如何形成的

心理学家阿尔伯特·埃利斯（Albert Ellis）提出的情绪的 ABC 理论认为，不同的人对于不同事件（A）会有不同的情绪反应和行为反应（C），并非事件本身引起了这种反应，而是人对这个事件的不同看法（B）导致了不同的反应。看法，在这个理论中被称为"信念"（B）。

A 是指诱发性事件（Activating event）；B 是指个体在遇到诱发性事件后产生的信念（Belief），即他对这一事件的看法、解释和评价；C 是指特定情景下，个体的情绪及行为的后果（Consequence）。很多人认为，事件引发了一个人的情绪和行为，但是 ABC 理论认为，事件只是激发了我们的信念系统，让它发挥作用，由于人对不同事件的看法不同，才会出现各种不同的情绪和行为。这个理论也可以解释：为什么面对同样一件事情，有些人表现出一种行为，而另一些人表现出另一种行为。真正起作用的就是"B"——我们的信念。

信念是思想里最关键的元素，它决定了一个人的行动方向，同时也间接决定了这个人生活的状态。因为，信念决定了人的行动，不同的行动会导致完全不同的结果，我们今天的生活状态就是过去行动结果的呈现。

这也是美国心理学家利昂·费斯廷格（Leon Festinger）发现的一种现象。费斯廷格提出了一个很有名的法则，被称为"费斯廷格法则"——生活中 10% 的事情是由发生在你身上的事组成的，而另外的 90% 则是由你对所发生的事情如何反应所决定的。换言之，生活中有 10% 的事情是我们无法掌控的，而另外的 90% 却是我们能掌控的。

费斯廷格举过这样一个例子。

丈夫早上起床后洗漱时，随手将自己的高档手表放在洗漱台边，妻子怕被水淋湿了，随手拿走，放在餐桌上。儿子起床后，到餐桌上拿面包时，不小心将手表碰到地上，摔坏了。

丈夫心疼手表，朝儿子的屁股一顿揍，然后黑着脸骂了妻子一通。妻子不服气，说是怕水把手表打湿。丈夫说他的手表是防水的。

于是二人激烈地斗起嘴来。一气之下，丈夫早餐也没有吃，直接开车去了公司，快到公司时突然发现忘了拿公文包，又立刻返回家。

可是家中没人，妻子上班去了，儿子上学去了，丈夫的钥匙放在公文包里，他进不了门，只好打电话向妻子要钥匙。

妻子匆匆忙忙地往家赶时，撞翻了路边的水果摊，摊主拉住她不让走，要她赔偿，她不得不赔了一笔钱才摆脱纠缠。

待门打开拿到公文包再回到公司后，丈夫已迟到了 15 分钟，挨了上司一顿严厉批评，丈夫的心情坏到了极点。下班前又因一件小事，跟同事吵了一架。

妻子也因早退被扣除当月全勤奖。儿子这天参加棒球赛，原本夺冠有望，却因心情不好发挥不佳，第一局就被淘汰了。

在这个事例中，手表摔坏是事件的 10%，后面一系列事情就是另外的 90%。当事人没有很好地掌控那 90%，才导致了这天成为"闹心的一天"。

试想，在那 10% 的后果产生后，丈夫换一种反应。比如，抚慰儿子："不要紧，儿子，手表摔坏了，我拿去修修就好了。"这样儿子高兴，妻子也高兴，他本人心情也好，那么随后的一切就不会发生了。

所以，当我们形成了一个信念之后，这个信念就会左右我们的行为和态度，渐渐形成一种模式。

模式对人生如此重要，但很少有人能觉察出自己的模式。即便很多人都因为自己的模式备受生活煎熬，经历很多困苦，但他们很难发现是自己出了问题。

如何改变模式

想要改变一种模式，首先必须要认识到自己的模式。有句话我们常说："不识庐山真面目，只缘身在此山中。"人们往往意识不到自己的模式，因为他们用这种方式行动了很久，早已习惯，也根本看不出来这是一种模式。

怎样才能觉察自己的模式呢？利用情绪去寻找自己的模式。

人的情绪与思想有关。在任何情况下，人们的情绪都是随着思想感知的改变而改变的，这就意味着，通过情绪，我们可以找到它背后的信念。所以，当你活得不开心时，不妨问问自己："是我的什么想法导致了不开心的感觉吗？"这时潜意识浮出来的想法，也许就是你要找的"信念"。

所以，觉察的第一步，是找到生活中让你痛苦的那个点，顺着这个点，回想一下自己是否总是在相似的命运中打转，无论走到哪里都会遇到"讨厌"的人；每一段感情都是差不多的开头和结尾；辛苦工作很多年，财富却还是没怎么增加……

如果你找到了生活中让你痛苦的地方，接下来就来看看如何改变你的模式吧。

有很多人可能也知道自己某些行为或者说话方式、行为方式会给自己带来很多麻烦，但是他们却很难改变。有人会说："我就是这样的人啊！我有什么办法！"

真的没有办法吗？

一个人的模式之所以很难改变，是因为这种模式下是一个"坚固"的信念，如果你的信念不改变，模式永远不会改变。

阿杰对我说，只要一谈钱，他就觉得非常不舒服、很紧张，好像他做了错事一样。为什么他会有这样的感觉呢？

因为他小时候的那段关于钱的痛苦经历给他带来的痛苦情绪与当时产生的想法"钱把我害惨了"结合在一起，形成一个自我保护的系统，为了避免自己再遭受那样的痛苦，他的潜意识当然会让他远离金钱。

找到模式背后的信念只是改变模式的第一步。之后，我们需要做的，就是改变这个信念。改变信念的方法很多，由于信念往往来自我们的原生家庭，所以我们必须先了解原生家庭是怎样的，了解这个信念最初是怎样产生的。

改变信念需要借助情绪，每一个信念都是坚固的，用讲道理的方式几乎没办法让一个人改变信念，只有情绪的参与与认知疗法共同进行才可以改变一个人根深蒂固的信念。

每一个信念都是坚固的，用讲道理的方式几乎没办法让一个人改变信念。

03

/

改变并不容易，但是值得拥有

　　我们思维中有很多错误的信念，它们剥夺了人们获得成功、获得幸福生活的权利，这些信念被称为"思想病毒"。这些信念会在几十年的人生中渐渐形成一个人的模式，这种模式若不能打破，一个人就会在一种命运中反复轮回。所以，建立新的信念、改变固有模式是多么重要的一件事情。

　　但是我们也应该知道，模式的改变并不容易。因为仅仅觉察到模式背后的信念都不是件简单的事情，何况建立新的信念。将一种新的模式运用到生活中，对所有人来说都是一个不小的挑战，所以课堂上的练习和体验就显得非常重要。一种理论，即便大家觉得很有道理，也很难将它实践于生活中，因为你没有将它固化在你的信念系统中。

　　我常常用砖头来比喻一个信念，信念就是砖，一个个的信念垒成一面墙，但砖是被水泥固定住的，没有水泥的固定，砖无法牢固。固定信念的"水泥"是什么呢？就是情绪。一个道理很难带出情绪，所以仅仅明白道理没用。这也是我常常鼓励大家走入课堂的原因。课程中的体验部分让当事人认识到自己信念的问题，引发当事人的情绪，让他们看到自己曾经因为这个错误的、过时的信念受了多少苦。当他们有了情绪之后，他们才有可能放弃那个旧的信念，建立新的信念，并且让这个新的信念固化到他们的思维中。

我们不满意的现状，大部分源于我们固有的行为模式，而这个模式之下必然有一个信念，如果我们想要改变生活的现状，就需要改变我们的行为模式，改变这个陈旧的信念。很多时候你会有这样的体会，明明觉得别人说的话很有道理，可就是做不到。因为你的理智知道这个道理是对的，但是你没有从感情上接纳它。所以，知道道理并不能改变生活，还需要方法。

NLP 说，相信什么，就会得到什么。如果你不能抛掉那个阻碍你成功、幸福的信念，你将会永远生活在自己的模式中，失去改变命运的可能性。

各位朋友，从本章的四个故事以及关于模式的阐述中，你觉察到了什么呢？我邀请你暂时停下来，试试用下面的方法去探索自己的模式。

1. 把注意力集中到生活或工作中最让你困扰的地方；

2. 去感受这种困扰给你带来的不愉快；

3. 跟随这种强烈的感觉，让它把你带到某一个过去的创伤事件中；

4. 重温创伤给你带来的伤痛；

5. 觉察伤痛时你产生了哪些负面的想法，这个想法就是"思想病毒"；

6. 打破状态，站起来，或变换一个位置，用一个成熟的成人的智慧给当年的自己一个建议，感谢当年的"思想病毒"对自己的保护，放下它，并重新建立一个新的强而有力的信念；

7. 带着新的信念去模拟未来。

我们不满意的现状，大部分源于我们固有的行为模式，而这个模式之下，必然有一个信念。

第三章

限制性信念

01
/
信念决定结果

在上一章中，我们讲到，每一个人对待一件事情，都有一套固定的"应对模式"，只要这个模式不改变，每一件事情都会被个体自己导向同一个结果。也就是这样，模式恰当的人，总是顺利、幸运，走向成功，而模式不恰当的人，处处受到阻碍，陷入一次又一次的失败。而一个人之所以会形成一种模式，是由于思想中有一个信念，这个信念决定了一个人的行动方向，同时也间接决定了这个人生活的状态。

我们的思想中存在各种各样的信念，它们在不同情境下决定着我们的行为和反应。这些信念中，有一些并不适合当下的情境，但是人们仍然会运用它们，这时这些信念就会变成一种阻碍，阻碍一个人适应新的环境，当然也会阻碍一个人形成恰当的模式，这个人也就很难走向成功。

那么，到底是什么样的信念，会使人形成一个"不成功"或者"不幸福"的模式呢？这种信念，我们称为"限制性信念"。了解这个概念之前，先邀请各位读者阅读下面三个故事，通过这三个故事，你能对限制性信念有一个感性的认识。

资深经理升职记

"10 串烤鱿鱼！"

"老板，再来 3 瓶啤酒！"

"谁点的炒面好了！"

"喝喝喝！哈哈哈！"

"哈哈……"

陆小美翻了个身，用被子捂住耳朵。楼下是一条美食街，每天光顾的食客们都会吵到凌晨两三点。之前的房东要卖房子，小美没办法，只好重新找房子。找了很久才租到现在这个小公寓，这里交通还算便利，最重要的是租金便宜，但是居住环境实在太嘈杂，陆小美搬过来只有半年，没有一个晚上睡得好。

更倒霉的是，早上房东突然打电话过来，要涨房租。陆小美和他理论半天，说签合同的时候说好了租金的，没道理突然涨价。房东更加理直气壮，说之前租金定得太便宜，让陆小美去附近打听一下，房租都比这里贵很多，是陆小美占了便宜。如果陆小美不愿意加租金，立即搬走，房东赔她一个月租金。

陆小美气得牙痒痒，但是没办法。搬一次家也要不少开销，何况现在想找一套便宜且交通便利的房子实在太难。陆小美查了一下自己的银行卡，存款少得可怜，根本没资本高傲地说搬就搬，于是只能忍气吞声地答应了房东涨房租的要求。

陆小美是我的一个员工，毕业后进入公司行政部工作，是一个害羞、内向的女孩子，平时非常安静，在自己的岗位上默默无闻地工作。

"小美，有个客户说房间弄错了，你怎么核对的？"一个客户直接投诉到项目经理那里，项目经理责问道。

我们的大多课程都安排在酒店会议室进行，很多远道而来的学员均会入住酒店，房间一般是由行政人员安排。

"我，我……我再看看……"陆小美看了看名单，果然是自己疏忽了。最近休息不好，工作又很繁杂，她开始出现越来越多的失误。

"小美，我发现你最近挺粗心的，上周让你打印的名单也弄错了。"

"是，是，我下次注意。"陆小美连连道歉。

陆小美一边整理着展台的书籍，一边叹气。一想到自己那个嘈杂的房间，她心里就窝火。可是有什么办法呢？她每个月的工资不高，负担不起条件更好的房间。

"小美，怎么最近好像不开心？"我正好在展台边和一位学员谈完事情，转身就看见闷闷不乐的小美。

"没什么大事，团长，就是房东最近突然涨房租，心里觉得挺烦的。"小美撇撇嘴，然后看了我一眼，不好意思地笑了。

听小美这么一说，我就知道她的难处了。我对她说："小美，你来智慧行有两年了吧？"

"嗯，有了。"

"有没有想过转销售？销售的收入比行政高多了。"

"啊？团长，我做不了销售。"小美连连摆手。

"为什么呢？"

"我，我不会说话。我不知道怎么卖东西给别人。"小美不好意思地说。

"你没试过，怎么知道不会呢？"

"我真的不行，团长。我看到陌生人话都不敢说，我怎么会卖东西呢？课程？我就更不会卖了。"

"那你想不想像公司销售同事那样有高收入呢？他们一个月的收入是你半年的工资啊！"

"当然想啦，只是我不像他们那样能说会道，我做不了销售的。"

看着她那无助的样子，我决定帮她突破她的限制性信念。于是，我开始了一个实验，看看一个坚持说自己不会做销售的孩子是不是可以成为销售高手。

"小美，你能不能做销售我真不知道，但有一句话你能说吧？这句话就是'买本书吧'，就四个字。反正你坐在这里闲着没事，如果有客户靠近展台这里，你就跟他们说'买本书吧？'可以吗？"

"就这样啊？不用介绍书的内容？不用讨价还价？"

"对，什么都不需要，你只需要说一句话'买本书吧？'就这么简单，能做到吗？"

"就这么简单吗？怎么可能呢？"小美一脸怀疑地看着我。

"你试试，就当我给你的工作任务，而且，有可能从今以后你就不用再为房租心烦了。"

"哦，哦，好吧，那我试试。"

我站在讲台上，休息时间特别留意小美的情况。我看着有些学员走到了展台，小美有些害羞地和学员们说着什么，渐渐地她的笑容开始自然起来。不久，越来越多的学员向展台靠拢，小美开始和大家说笑起来。

课后，我走到小美身边问道："小美，书卖出去了吗？"

"卖出去了！团长，我卖出去了！还卖了好几本。"小美激动地说。

"你看，你怎么能说你不会销售呢？这不是在做销售了吗？"

"团长，这也叫销售啊？我真没想到那么简单一句话就可以把书卖出去。"

"对啊，销售其实没你想的那么难。现在有信心试试吗？你难道不羡慕销售人员的工资吗？"

"怎么不羡慕啊！销售的工资可比我现在高好几倍呢！如果我有那样的收入，我就不会再住在现在那个地方了，也不用……"小美不好意思地挠挠头，接着说，"不用忍受房东随便涨房租了。"

"好，如果你真的想改变目前的生活，那你就从这句话开始。过一段时间我再告诉你更多的销售技能。"

陆小美现在还在我的公司工作，但是她早已不是一个行政人员了。自从那次卖书受到了鼓励之后，陆小美开始成为我们公司最受欢迎的跟课行政人员，因为她不再像以往一样，只会做那些简单的事务工作，而是在闲下来的时候，主动跟学员交流，甚至帮助销售同事销售课程。再后来，她主动提出转到了销售岗位，从一位普通销售人员开始，渐渐做到了现在的销售经理，收入翻了好几倍。当然，她早就搬到了一个环境舒适的住宅区里，更值得赞赏的是，她用自己挣的钱在老家为父母买了一套房子。小美是一个十分孝顺的孩子，她说能为父母买房是她的骄傲。当然，看到她的突破，也是我的骄傲！

陆小美曾经的限制性信念就是一种无助感，当一个人觉得"别人能做到，但是自己做不到"的时候，就是一种"无助"的限制性信念在作怪。我会在之后详细讲述这个限制性信念。

小司机的逆袭

南方的夏季总是酷热难耐。

树上的蝉叫得声嘶力竭，声音中的水分仿佛完全蒸发掉了，听上去非常凄厉。

徐斌被一阵阵刺耳的蝉鸣声吵醒，一想到又要在蒸笼一样的驾驶室里度过一整天，他的心里异常烦躁。

徐斌是番禺一家电缆公司的货车司机，他每天的工作就是将厂里的货物一车车地运输到指定的地方。一年 365 天，几乎没有节假日。工作乏味单调，也很辛苦，但是除了开车这一项技能，徐斌什么都不会。自己还能做什么呢？徐斌常常在心里问自己。

以前开车倒没有这种烦躁的感觉，但不知道从什么时候开始，整个广东省的道路都好像约好似的，一条条拥堵起来，几乎就没有一天顺畅过。特别是一到夏天，柏油路上的热气一阵阵向上涌动，路上的车辆就像被放在了一个巨大的蒸笼里，好像不知什么时候会融化掉。每天在那些被塞得死死的马路上爬行，听着那该死的喇叭声，哪有不烦躁的道理？

今天一大早醒来，徐斌就已经感到烦躁不安了。想想以后还有那么多天，也许还有那么多年都要这样度过，徐斌的内心突然从燥热降到了冰点，从心底生出了一丝绝望的感觉。可一想到父母年纪已大，孩子还那么小，老婆又领着微薄的薪水，一家人的生活又不得不靠自己，生活真不容易。

虽然有很多不情愿，但徐斌还是早早地到达公司。父母从小就教育徐斌，要做一个勤奋的人，他确实也是一个勤奋的人，每天都兢兢业业地把事情做好，正因如此，他也深得同事和领导的喜欢。

当他正在认真地做全车检查的时候，电话响了。

徐斌一看，是车队队长打来的，他说："队长，您找我？"

"小徐啊，王总今天要去广州上课，他的专车司机张师傅家里有事，请假回家了，你今天替张师傅开车，现在马上来我这里拿钥匙，王总马上就要出发了。"

"那公司的货……"

"我已经安排别的人送了，把你的车钥匙交给我。"

"好嘞。"

突然摊上这样一份美差，徐斌心里美坏了。

王总的专车是奔驰，徐斌已经艳羡很久了，没想到居然有机会开上这辆车。接送老板上课可比开货车送货轻松多了，老板上课的时候自己还能休息。一想到这里，徐斌不由自主地笑了起来。

开大奔跟开货车的感觉真的不一样，凉爽的空调、舒适的座椅，加上优美的音乐。虽然王总坐在身边让他有点紧张，但徐斌还是很享受这种感觉。虽然路上依然堵车，却感觉不到原来那种因堵车带来的烦躁了。

将王总送到教室以后，徐斌把车开到了停车场，一看时间，还不到 9 点，王总要 12 点才下课。徐斌想，还有 3 个小时，外面的气温高达 39℃，就算是在树荫下，也是酷热难耐，不如在这辆豪车里好好睡一觉。

王总是一位对员工很不错的老板，王总中午下课后，吃饭时还叫上徐斌。席间，王总问徐斌："小徐，你上午在做什么呢？"

"王总，我在车里睡觉呢。"徐斌开心地说。

在车里睡觉？

"那么热的天，怎么睡得着呢？"

"开着空调就睡得着啦。睡得可好了。"

王总是一位精明的商人，下午的讲座门票才150元，与其让他在车里睡，倒不如让他到教室里睡。他想了想对徐斌说："小徐，要不下午你和我一起去听课吧，别把时间浪费在睡觉上了。"

"什么课啊？我哪听得懂！"徐斌有点为难地挠挠头。

"听不懂你就在教室里睡吧，教室里的空调很凉快。"

就这样，徐斌跟着王总走进了我们的课堂。王总为了省钱的一个决定，却不经意间改写了徐斌的下半生！

这一堂课，讲的就是"限制性信念"。

徐斌走进教室本来是想找个凉快的地方睡觉的，可是，一走进教室，他就再也睡不着了。

下午3个小时的课程讲了什么，徐斌大概没听懂多少。他初中毕业就出来工作了，学习，从来就不是他的强项。但是，老师的一句话一直萦绕在他的耳畔："世界无限，除非你设地自限！"

对啊，世界无限，难道我这一辈子只能做一个司机？这一堂课，改变了徐斌的整个人生轨迹。多年后的徐斌告诉我，这堂课程的内容让他深受震撼，尤其是那句话——世界无限，除非你设地自限。他把这句话当成了自己的座右铭，时时提醒自己，不要被自己的思维限制住。

在送王总回家的路上，徐斌就开始反复问自己——"我，真的只能当一辈子司机吗？"

他不想再焦躁不安地坐在货车里，每天对着前方的车不停按喇叭，他不想未来的生活就在一趟趟送货的路程中度过。

生活不应该是这样的，不是吗？

是他自己困住了自己，他一定还有其他选择，不是吗？

一路上，徐斌一直在琢磨那句话，思考了很久，他终于鼓起勇气对王总说："王总，我不想再当司机了，我想转岗做业务员，您看行吗？"

王总一听，有点吃惊。

徐斌又说："王总，您不是让我听课吗，我觉得老师讲得很有道理，'世界无限，除非你设地自限'，我想挑战新的工作，不想一辈子都做司机。"

王总是我们公司的一位资深客户，自己非常好学，当然也欣赏那些好学且不断追求进步的员工，他本来安排徐斌进教室只是为了让他在大热天里有个睡觉的地方，根本就没指望他能学到什么，没想到他居然还真的开窍了。见到徐斌有这样的决心，王总决定给他一个机会。他说："那我给你3个月的时间尝试业务员的工作，如果你做不好，还是做回货车司机，怎么样？"

"谢谢王总！我会努力的！"

那3个月的试验情况怎么样，我不是很清楚，我只知道3年之后，徐斌成了公司销售业绩最好的员工。他也成了我们NLP学院的优秀学员，所以，后面的情况我比较清楚。3年中，他的变化和成长让人刮目相看。

不愿意当小司机的徐斌，自然也不会甘愿当一个业务员，哪怕是业绩最好的业务员。在NLP学习的这几年，徐斌一直在努力破除自己的一个个"不可能"。凭借过去的不断突破和努力，今天的徐斌有了自己的公司，不久之后他也有了自己的司机。

我时常会在课堂上给学员讲徐斌的故事，因为很多时候，不是我们做不到，而是我们认为自己做不到，将自己限制在了一个狭小的底层的世界中，碌碌无为。

徐斌成功地挣脱了自己的限制性信念，从司机变成老板，源于一次课程。徐斌是一个幸运儿。但是，又有多少人能像徐斌那样幸运呢？

我见过很多父母，他们养育孩子的过程中，不断地给孩子加上一重又一重的限制，硬生生地折断孩子天赋的翅膀。每次见到那些对生活充满恐惧、畏缩不前的年轻人时，我就会想起《一头小象的故事》。

马戏团里有一头小象，它的一只腿被铁链锁在了一根木桩上。小象想要挣脱，但是以它的力气，根本无能为力。每次挣扎，铁链就会磨损它的腿，越挣扎，腿上的伤就越深、越痛，甚至会被铁链勒得皮开肉绽。尝试多次以后，小象便不再尝试挣脱了，因为它知道自己不仅不能挣脱铁链，还会被弄得伤痕累累。随着小象渐渐长大，它已经有足够的力气挣脱固定铁链的木桩了，但是它也不会再尝试挣脱了。因为在它的脑海里已经形成了一种观念——自己无论如何也不可能挣脱那根木桩。

你可能觉得小象很傻，但其实，人类和小象差不多。

面对孩子的教育，很多父母都相当矛盾——他们一方面希望孩子优秀，出类拔萃；另一方面又希望孩子少吃苦，尽自己一切努力给孩子铺路。

怎样判断自己的孩子是否优秀呢？很多父母并没有自信，所以他们只有通过比较去判断。而比较的唯一标准就是学习成绩。学习成绩好的孩子，就是好孩子；成绩不好的孩子，会被贴上各种标签——愚蠢、顽皮、不思进取、没用……这些标签就是小象腿上的铁链，在孩子心上勒出一道道伤痕，以至于他们长大以后永远也挣脱不了铁链的束缚，真的变成一个"没用"的人。

我听说了一个女孩的故事，感觉十分惋惜。这个女孩自身条件非常好，在国外接受过高等教育，然而毕业之后却乖乖听母亲的话，进了一家国企，做着一份自己不喜欢的行政工作，一做就是好几年。但就是这样一个优秀的孩子，内心却非常自卑，若她一直这样下去，她的人生将会是一场不会停止的苦难。

下面这个故事，就是关于这个女孩的。

"完美女孩"的苦恼

"袁小姐，和朋友过来的啊？好几天没见到你了，还以为你不过来了。"一个帅气的服务生接过袁莉的手包，又把她和朋友小允引到预定座位。

"嗯，最近有点忙。"

"已经准备好了。"服务生把两人引到远离喧闹的位置，这是小袁的老位置。她心烦时喜欢约朋友来喝上两杯，但又不喜欢热闹，所以，她会选一个稍微安静的位置。只有喝上几杯，进入微醉的状态，她才会觉得日子好过一点。

小袁把手上的车钥匙往桌上一扔，脱下外套，坐进沙发里。

"袁小姐这次喝什么？"

"和原来一样，苏格兰威士忌加冰。"记得初来这个酒吧时，她喝的是低度的果酒，而现在，只有苏格兰威士忌能让她尽快从痛苦中解脱。

"你经常来这里吗？"小允很少来这种地方，今天是被这位老同学硬拽进来的。

"是啊，这里环境好。我不开心的时候就喜欢来这里喝点酒。"

"你和服务生挺熟的，看来你经常不开心啊。"小允开始打趣小袁。

小袁和小允是多年的好友，中学同班同学，大学也是校友。大二的时候小袁去国外读书，毕业后由母亲安排了一个稳定的工作。在小允的眼中，小袁就是那种典型的"白富美"，她们在学校时虽然是好朋友，但小袁出国后，她们就慢慢地走向了两个不同的世界。她们很少联络，最近小袁好像特别闲，经常约小允吃饭。今天也不知什么日子，小袁硬是要约她出来喝一杯。

服务生把酒准备好，小袁自己先倒了半杯，一饮而尽。

小允连忙制止她："喝那么多干嘛呢？"

"心烦。"

"不会吧，前几天看你朋友圈还在晒旅行的照片呢。我还想问你是不是交男朋友了。"

"没有，那些男人没有一个是真心喜欢我的。"

小袁说出这句话，让小允吃惊不已。

小袁是个货真价实的"白富美"。小袁的父亲很早过世，但她母亲是一位成功的商人。小袁从小生活优渥，衣服、包包、化妆品全是奢侈品牌。刚工作，母亲就给她买了一辆豪车，还在市区为她购买了一套高档小公寓，小袁每月工资不算高，但是消费一点也不低，过着让人羡慕的生活。更让人羡慕的是，小袁容貌出众，在大学时就有很多男孩子追求。

小允不明白，这样一个完美的女孩，还有什么烦心事？

"上次你说你妈妈介绍了一个男孩子给你，在投行工作，也是海归，我看照片也一表人才。怎么，没看上？"

"接触了一段时间，感觉他只是看重我家的钱，和我没什么关系。"小袁又仰头喝掉半杯酒。

"不会吧，你是不是太敏感了？感觉你毕业后一直在相亲，怎么就没遇到合适的人？"

"所以我才烦嘛。我妈现在很焦虑我没有男朋友，她说我既不聪明也不能干，现在年轻，还长得不错，但是青春很快就没了，要赶快找到一个靠谱的男人，组建一个家庭，她才放心。毕业后我接触过几个男生，都太优秀了，我总觉得他们和我接触并不是因为我本人，而是看中了我的家世。说实话吧，我觉得如果我只是个普通人家的女孩，他们根本看不上我。"

听小袁这么说，小允也吃惊不小。

小袁说，母亲是个非常聪明能干的人，小袁是她唯一的女儿，她从小就把小袁看成自己的一张"面子"，如果小袁不够"优秀"，母亲就会觉得自己很丢脸。

小袁从小就被母亲逼着参加各种兴趣班，钢琴、绘画、书法、声乐、舞蹈，反正能参加的，无论费用多高，都会报名参加。但是小袁似乎并没表现出艺术方面的天分——每一种才艺都浅尝辄止，家里的钢琴、小提琴、电子琴、竖笛、古筝、笔墨纸砚最后都成了摆设。

小袁从小的学习成绩也并不出色，为此还参加了很多学科的补习班。小袁的整个初中忙得不得了，晚上要去上兴趣班，周末要去补习班。即便这样，中考时，小袁仍然没有考上重点高中。这件事情让小袁母亲觉得非常丢脸，时常抱怨："你怎么这么笨，我花了那么多钱，你的成绩还是这样差。"

读大学的时候，小袁的英语并不好，她自己不太想出国读书，但是母亲执意让小袁出国读书。小袁还没大学毕业，母亲已经为她在国内找到了一个"金饭碗"。

"你看，如果没有我妈，我就和普通的女孩子一样，读一个普通大学，毕业的时候参加应届生招聘会，可能辗转很多会场，最后进一个普通公司。我又不聪明，也没什么特殊能力，唯一的兴趣就是买东西。"

小袁靠近小允，悄悄对她说："告诉你个秘密，其实每次接触那些优秀的男孩子，我都会觉得很自卑。"

小袁说，那些男孩都是以优异的成绩进入重点大学读书，靠着自己的实力进入那些好公司工作，"不像我，什么都是我妈安排的。"

"在外人看来，我好像端着'金饭碗'，但其实我就是一个小行政，每天做的都是些没什么技术含量的事情。我现在做的工作，一个中专生都能做，真不知道为什么还要出国读书。"

听小袁这么说，小允无话可说了。

小允曾听小袁抱怨过自己的工作，"每天都是重复的事情，觉得无聊，也没前途"。小袁对这份工作一点热情都没有，每天行尸走肉般工作。有段时间，小袁很想离职，同事在背后说她是通过关系才进了现在的单位，她也听说领导对她的工作能力并不满意。她很想寻找自己喜欢的工作，可也只是想想而已——自己什么也不会，能力也很差，能找到什么样的工作呢？现在的就业形势这样严峻，好多高学历的人都找不到工作，自己又能做什么？如果只能找一份低薪工作，怎么应对现在的开销？如果真的辞职，母亲肯定会大发雷霆，离开了母亲的她也没有独立生活的能力，再也别想消费奢侈品了……

"哎，我现在的一切都是母亲给的，也都是她安排的，离开了她，我什么也不是。如果没有现在的家庭背景，你觉得那些优秀的男孩子会看上我吗？如果没有我妈妈，你觉得我能进现在的单位吗？现在的生活都不是我自己创造的，如果靠我自己，我估计自己可能只是个打杂的，可能只是在一家小公司里……"

看着忧愁的小袁，小允也说不出话来，端起桌上的威士忌和小袁碰了一下，然后一饮而尽。小允不是那种会喝酒的女孩子，特别是威士忌这种烈酒，"酒入愁肠愁更愁"，虽然她不是那种多愁善感的人，但一杯烈酒下肚，不免也伤感起来。

小允原来一直羡慕小袁有一位好妈妈，让她过着衣食无忧的生活。而回顾自己的奋斗历程，充满了辛酸。她从大学开始，就靠奖学金和勤工俭学挣来的钱辛苦地维持生活。而小袁这种苦好像和她当年所受的苦完全不一样，她当年虽然辛苦，但是未来有希望，所以虽然有时候她觉得生活真的很难，但好在一直很充实。而今天，看到光鲜亮丽的小袁穿戴着奢侈的服饰，却被生活禁锢，她那张美丽的脸庞因为忧愁也失去了魅力。小允突然明白，她一掷千金买来那么多奢侈品堆砌在自己身上，不过是为了掩盖自己那颗脆弱的心。

反观自己，虽然没有一位有钱的妈妈，但从小到大她都是妈妈的骄傲，从农村走向城市，虽然吃了不少苦，但她终于走出来了。虽然暂时还买不起和小袁一样的名牌衣服，但她清楚地知道，她有一颗富足的心灵，她对未来充满希望。因为，每当遇到困难的时候，她都会想起妈妈经常对她说的那句话："孩子，我知道你行的，你一直都是妈妈的骄傲！"

小允再次为自己斟了半杯酒，这次她没有与小袁碰杯，自己端起来一饮而尽。这一杯，她是为自己而饮的，庆幸自己有一位好妈妈！

我并不认识小袁，小袁的故事是小允告诉我的，因为小允是我的学员。在我看来，小袁是一个优秀的女孩，她做不好现在的工作，并不是她的能力不够，而是没有勇气走出自己的舒适空间。那究竟是谁把她困住了呢？母亲为她准备丰富的物质生活的时候，忘记了一个人的成长还需要精神上的营养，她在母亲一次次的否定中形成了一个根深蒂固的信念——我是一个没有价值的人。

那些从小被爸爸妈妈拿来和别人比较，总是得不到父母的肯定，或者是家庭条件优渥的孩子，常常会被种下"无价值"这样一种病毒性信念，他们自身的价值需通过外在的事或物来衡量。这就是一些"高富帅""白富美"也有痛苦的原因。

02

/

什么是限制性信念

生命的改变有时真的很简单，只是一念之转，可惜并不是每个人都会相信。

什么是限制性信念？让我们先从信念谈起。

什么是信念

信念，从字面解释就是相信一种观念、概念。信念的产生最初只是一个念头的形成，此时我们对这个念头并不完全深信不疑，还需要经过一些体验，念头才会形成一个信念。

信念是一种指导原则和信仰，让人们明了人生的意义和方向；

信念是人人可以支取且取之不尽的；

信念像一张滤网，安置在人们的思想中，过滤人们所看到的世界。人们看到的世界并不是完全客观的世界——而是通过他自己的信念系统"再创造"的世界；

信念也像脑子的指挥中枢，"指挥"着人们的大脑，按照相信的观念，看待事情的变化；

信念也决定着人潜能的发挥程度，当一个人相信自己能够做某种事情的时候，他的潜能开关就打开了——他真有可能做到。因为信念可以激发潜能，潜能的大小决定着行动的力量，而行动的力量最终产生成效。

信念不断地把信息传给大脑和神经系统，造成期望的结果。如果一个人相信自己会成功，信念就会鼓舞他成功；如果一个人坚信自己会失败，这样的信念也会阻碍他，最终使他失败。这就是所谓的"信念系统"。

如果一个人拥有积极信念，衍生的信心极有可能使他完成那些别人认为他不可能做到的事情。当一个人内心真的相信某件事情的时候，信念便会传送一个"指令"给神经系统，进入"信心满满"的状态。所以，若个体能好好调整信念，它就能发挥极大的作用，开创美好的未来；相反，它也会阻碍一个人前进的步伐，甚至造成毁灭性的后果。

由于信念产生于一个念头，经由体验之后才能牢固地存在于一个人的思想中，所以体验是信念产生的重要条件。但是没有一个人能够经历所有的事情，所以在一个人的信念系统中，有很多信念其实是由某一特定经验产生的，这个信念也许适用于某个情境，但在另一个情境中就不适用了。可是如果这个人的信念还没随之改变，就会给他的生活带来很多困扰。这样的信念，我们称为"限制性信念"。

什么是限制性信念

通过前面三个故事，你可能对"限制性信念"已经有一些了解了。一个为房租而苦恼的行政人员，因为一念之转过上了富足的生活；一个货车司机，事业起点很低，却因为一次"睡觉"而改写了自己的人生，一次次突破自己生命中的各种"不可能"，最终成就了不小的事业；但一个生活条件优越的女孩，拥有良好的学历背景，享受着让人羡慕的物质生活，却因为觉得自己"不值得拥有"而一直活得痛苦不堪……

为什么有人苦不堪言，有人活得如鱼得水？是能力，是机遇，还是我们常说的"命运"？

当然，上述因素都会影响一个人的生活状态，但这些都不是主因，大多数人生活的不如意都是因为大脑中有"限制性信念"，在NLP领域，我们通常把这样的信念称作"思想病毒"。比如，前述三个故事，陆小美大脑中的"我不会做销售"，徐斌脑中的"我文化低，除了司机我什么都不会"，小袁脑中的"我不值得拥有"，这些想法看起来没什么大不了，却足以摧毁他们的一生！

我们每一个人或多或少都会被一些信念束缚，这些信念在我们探索一个新领域或者想对生活做出一些改变的时候就会出现，有时它们会唤醒我们的恐惧，让我们无法前进或者做出改变。

这三个故事代表了三种典型的病毒性信念，它们分别是"无助""无望"和"无价值"，下面我会详细跟各位分享这三种"病毒"。

三种病毒性信念：
无助、无望、无价值。

限制性信念的种类

我们生活的这个世界中，有三种较为普遍的限制性信念——无助、无望和无价值。

限制性信念之一：无助

第一个最具破坏力的限制性信念我们称为"无助"。

所谓"无助"，就是这样一种想法：别人做得到，而我却做不到。

具有无助这种限制性信念的人，经常会产生莫名的无力感，对很多事情都没有兴趣，没有目标，不清楚自己要什么，想得多，而行动得少。喜欢把原因归于外在的环境、其他人和事物上面，常常会有一种受害者心理。当一个人有能力，却不被许可用自己的能力去解决一些事情的时候，就会产生无助感。

人生总是很难一帆风顺，面对困难的时候，有人会去尝试解决，哪怕结果是失败的也没有关系，但是有一些人连办法都不想就退缩了。在他们的信念中，不是觉得自己不可能成功，也不是觉得自己没有价值，而是认为自己在某些方面不如人，哪怕是一些极为简单的事情，他们从未尝试，就断定自己做不到。就像曾经的陆小美一样。

这些拥有"无助病毒"的人，有些是因为在他们小的时候，父母过度包办了他们应做的大多数事情，或强行要求他们一定要按照父母的意愿做事，剥夺了他们锻炼的机会，不允许他们挑战自己的权威；或者父母处处拿他们的弱项与别人家孩子的强项做比较，让他们总感觉自己不如人。久而久之，他们就会觉得，"我自己是没有办法解决问题的，但是我爸妈可以，或者别人可以。"于是，无论遇到什么问题，他们都不会再尝试自己解决。

这些父母就像网络上流行的一句话说的那样——"他们剪断了

孩子的翅膀，却抱怨孩子不会飞。"

限制性信念之二：无望

对我们最具杀伤力的限制性信念就是"无望"。无望就是绝望，不对任何可能的情况再抱有希望。有这种信念的人，他们只会做出一个判断——任何尝试都是没有可能的。于是面对任何的可能性，他们也就不会再去做任何努力，哪怕是最简单的事情。

对一件事情不抱希望的人，觉得自己做不到，别人也做不到，没有人可以做到。无望的人根本不会寻求帮助，既然没人做得到，为什么还要寻求帮助呢？

一个人为什么会有这样的限制性信念呢？

据说阿姆斯特朗小的时候，有一天，在后院蹦蹦跳跳，他的妈妈问："你在干什么？"

他说："我要跳到月球上去！"

妈妈没有泼冷水，骂他"神经病"或"异想天开"之类的话，而是说："好啊，不要忘记回来吃饭哦！"

结果，他成了第一位登上月球的人。我不知道这个故事是真实的还是杜撰的，但这个故事用来说明限制性信念最好不过了。假如阿姆斯特朗的妈妈当时直接跟他说："这不可能！"一个小孩子伟大的梦想就会被扼杀，当太多太多的"不可能"一次次灌输给孩子时，这种观念就像诅咒一样困住一个人的一生，这就是"无望"思想病毒的形成。

我女儿很小的时候就有一个梦想，她想成为大明星，我当然不希望自己的女儿成为明星，但我并没有打击她说"不可能"，我只是告诉她："成为明星也是不错的选择，不过明星都是多才多艺的啊，你不光要会唱歌、会跳舞，还要会弹钢琴，而且成绩还要好。"充分利用她的梦想来激励她。我的女儿会不会成为明星我不知道，但我知道的是因为她的梦想，她开始喜欢唱歌和弹钢琴，我知道一个懂音乐的人的人生是幸福的。

我的孩子是幸福的，因为我明白了这一点。但大多数的家长并不明白，他们往往会用现在的资源判断未来，将自己和孩子锁定在现在的时间框架中——现在资源不足，无法实现的事情，他们就会轻易地下结论："这不可能！"这就是"无望"的根源。

每一个孩子都是梦想家，孩子小的时候总有一些天马行空的想法，如果一个孩子告诉父母自己对于未来的期望，父母总是打击他，告诉他不可能，渐渐地，这个孩子就会向"现实"低头。既然根本没有可能，谁还会去思考如何实现呢？

所以，不管情况有多糟糕，不管现实有多困难，都要告诉自己，这只是暂时的。暂时做不到的事情，不等于未来不可能，科技每天都在发展，以前做不到的事情，不是很多在当下实现了吗？

人类没有翅膀，不可能飞，可是人类发明了飞机；人类不可能克服地心引力跳上月球，可是人类可以发明宇宙飞船；人类没有顺风耳，可是人类发明了电话，可以和万里之外的人聊天；人类没有千里眼，可是人类发明了视频通话，可以及时看到大洋彼岸的人的一举一动……

也许今天人类还有很多不可能，但谁知道明天会不会变成可能呢。只有充满希望，人类才能不断发展，不是吗？

限制性信念之三：无价值

无价值的例子从第三个故事中就可以清楚地看到，小袁过着优渥的生活，但她的日子依然在痛苦中度过，因为她知道，这一切并不是她创造的，在与母亲的相处中，她的母亲反复地向她灌输了一种思想：她并不值得拥有这一切，因为她不配！

当然了，在无价值的人中，像小袁这样的孩子还算是非常幸运的，至少她可以享受母亲为她创造的丰富物质生活。而大多数"无价值"的人，他们生活在贫困和内心痛苦的双重枷锁中，无法自拔。

为什么内在的"无价值"也会影响到外在呢？2000多年前，古亚特兰蒂斯的智者在翡翠石板上刻下了"上行，下效，存乎中，形于外"这句非常智慧的话。如果我们内心贫乏，生活就会显现出来，并且会传承给我们的下一代。

我曾经就是这样一个内外皆贫乏的人，从匮乏到富足，这条路我走过，所以，我非常清楚。

在之前的章节里，我曾给大家讲过一个茶叶的故事，走进心理学的世界之后，我才明白，那时我的自我价值太低，别人的好意会被我视作"侮辱"。为了维护那点少得可怜的自尊，我不得不用尽一切办法，证明自己是对的，却不曾觉察，在我证明自己的同时，却把一包上好的茶叶推出了我的世界。

其实，被我推出世界的，又何止一包茶叶？

一个内心贫乏的人，为了保护那颗脆弱的心，通常都会筑起一堵又高又厚的围墙，把自己困在一个小小的世界里独自挣扎求存。这堵墙在保护自己的同时，也把一切美好挡于墙外。

学习心理学，其实就是一条自我疗愈的道路。一路走来，内心越来越丰富，你会神奇地发现，你的外在生活，包括你的有形财富，也会自然而然地发生改变。因为"存乎中"，自然会"形于外"，更重要的是，让你的下一代同样富足，因为"上行"就会"下效"！

这也是我 25 年来一直坚守在传播心理学这条路上的重要原因。学心理学的这个好处，你觉得够吗？

具有无价值、无资格感的人较容易逃避成功，面对自己喜欢的东西，不敢去追求，害怕自己没有资格，配不上这些东西，当然这一切都是在潜意识中发生的，意识很难觉察得到。

我曾经看过一则新闻，一个母亲经常打骂自己的女儿，因为她的丈夫希望她能生一个儿子，但是她却生了一个女孩儿。她每次在丈夫那里受了气，就会把气撒在孩子身上，一边打孩子一边说："我这辈子被你害惨了！"

试想一下，这个女孩长大以后会变成怎样的人？她最亲近的母亲都觉得她是毫无价值、只会给别人增加负担的人，她以后的生活还会好吗？

有些父母会将自己对生活的不满情绪转移到孩子身上，甚至会期待孩子实现自己没有实现的目标，如果孩子没有达到自己的期待，父母就会责怪孩子"没用"。渐渐地，孩子对自己的认知就是"没用"，也形成了"无价值"的信念。"我没有价值"这个信念，会比"我不会成功"这个信念对孩子的影响更大。

这种信念会影响一个人成年后与其他人的关系，他可能会害怕

学习心理学，
其实就是一条自我疗愈
的道路。

与别人建立任何情谊，因为他觉得自己会成为别人的负担；他也很难与别人合作，因为一旦合作不成功，他就会自责，是自己"无能"造成的。

"我没有价值"这个信念对个体影响最大的就是"亲密关系"。找到一个伴侣，开始一段感情，他就会把自己的人生托付在对方身上，期望对方照顾自己的人生。但是又有哪个伴侣能够负担这么重的责任呢？即便那个人真的很爱他，也会被他强烈的依赖和无休止的索取折磨得精疲力竭。所以，即便真的能和别人建立一段亲密关系，这种关系也不会长久，对方会因为不堪忍受巨大的压力而离开。当伴侣离开之后，他又会再次强化自己"没有价值"这个信念，很可能会想——"看，我果然没什么价值，谁都不想和我在一起。"

每个人都想证明自己，大多数人会用一生来完成这件事！一个人一旦形成了"我不值得拥有"这样的信念，他同样会用他的一生来证明这一点！

这三种限制性信念可能同时存在于一个人的思想中，它们相互作用，影响着一个人的所有行为，最终的结果就是让这个人待在原地，难以进步。

有些人一生庸庸碌碌，羡慕别人的成功，哀叹自己的不幸。其实，他们的身上基本都能找出这三种限制性信念。

03

/

限制性信念的来源

上一节中，我提到父母的教育会导致孩子形成限制性信念。这一节中，我将详细解释限制性信念是如何形成的。

经验

我们的限制性信念基本上都是通过经验形成的。我们做一件事情，就会产生一系列后果，通过这种"行动—结果"模式，人们就可以得出一个结论——我采取什么行为，就会得到什么结果。

但是人们往往会忽略一个事实——事物并非一成不变，我们往往没有掌握事实的全部。

我有一个朋友，他曾准备和一个姓陈的老板谈合作。谈判的时候，他发现这位老板非常不友善，全程皱着眉头，并且中途不停地离开接电话，非常没礼貌。他介绍产品的时候也总是被这位老板的各种问题打断，而且无论他怎么解释，也看不到这位老板露出笑容。局面越来越僵，最后在尴尬的气氛中结束了谈判。当然，我朋友就没有再继续跟这位老板合作。

机缘巧合，不久以后我有个项目需要与这位老板合作。朋友听说这件事情后，好心提醒我："这个陈老板是个脾气很坏、没礼貌的人，你要小心点。"

听他这么说，我还真是有点担心，怀着忐忑的心情应邀去了这位老板的公司。见面之后，我发现这位陈老板根本不像我朋友说的那样，他风趣儒雅，很有涵养，对我们的到来安排得很周到，完全无法想象他曾那样粗暴地对待过我的朋友。

难道这段时间发生了什么大事，使这位老板性格发生了翻天覆地的变化？

我与陈老板的合作顺利地进行着。合作中我发现，他的涵养并非装出来的，他确实是一位体贴周到、令人敬仰的人。可是，为何和我朋友的谈判会搞得那么僵呢？

和陈老板慢慢熟悉以后，我把这件事情告诉了他。他想了想说："团长，你朋友遇到我的那段时间，可能正好是我和前妻办理离婚手续的时期。那段时间，财产分割和子女抚养权的问题，搞得我焦头烂额，见谁都一副苦瓜脸，整个人状态极差。"这种状态一直延续到他办完离婚手续，休息调整了很久，才慢慢恢复过来。

原来如此，我朋友根据自己不好的经历判断了这个人，并非他的经验出错了，只是他没有掌握事实的全部就形成了一个信念——这位陈老板是一个脾气很差、没礼貌的人。

很多人都是这样，会根据自己过去的经验，形成一个信念，这个信念会左右他们的行为。有时，这种经验并非直接来自自己，很可能来自别人。

读书的时候，我有一个同学，从来不敢在冬天的晚上洗头发。

他对我说，小时候他妈妈告诉他，冬天晚上洗头发第二天会头疼。我觉得很奇怪，我和身边的很多人都会在冬天的晚上洗头发，可我们从来也没有头疼。有一次，我见到他妈妈，和她聊到冬天洗头发会头疼这个问题，老人家说："我们那个时候没有吹风机，冬天的晚上洗完头发，到睡觉的时候头发还没有干。如果头发没干就睡觉，很容易着凉，当然会头疼。"

朋友听到母亲说的这番话，哑然失笑。

母亲传递给他这个经验的时候，还没有吹风机。母亲为了保护自己孩子免受头疼之苦，向孩子传授了自己的经验片断，但孩子却并不知道事实全部，就稀里糊涂地相信了。

教育

我们的教育大多来自两个方面，一方面是我们的父母，另一方面是学校。

大部分的父母都希望自己的孩子人生顺遂，所以他们会把自己人生中的信念以及他们认为的好与不好的经验传递给自己的孩子。

在很多家长的信念中，好成绩就意味着好的人生——成绩好的孩子就能进入好大学，进了好大学才更容易找到一份稳定、优越的工作，人生就有了最坚实的保障。

那些成绩不好的小孩，要承受来自父母、老师甚至同学的歧视。渐渐地，他们就会对自己的能力失去信心，觉得自己不可能成功，没有办法做到，不去尝试与创新。重复父母的老路，当然，也会重复父母的错误与痛苦。

错误的逻辑

在做决定的时候，人们会先评估这个决定的"投入与产出"，确定自己需要投入的时间、精力和金钱，然后可能得到什么样的回报。

但是很多人关于"投入与产出"的估计其实是错误的。他们没有仔细研究过自己做出这个决定的依据是否真实可靠，往往将这个依据泛化。

我经常听到一些言论，其中最常见的就是"这是不可能的，因为从来没有人做过"。我时常听到家长对自己的孩子说这句话。如果一个小孩的理想是周游全世界，当他把这个理想告诉自己父母的时候，父母会怎么说呢？也许会说："这不可能，因为我们祖祖辈辈都没有人做过这样的事。"

"周游世界"对很多中国家长来说是一件投入非常大的事情，并不容易实现，但这个理想是否真的是"天方夜谭"？我曾经的理想就是周游世界，但是那时我并没有那么多钱负担这样的旅行，那么我如何实现的呢？我组织很多企业家赴海外参观考察，去了 20 多个国家，走进了 20 多家世界 500 强，我不仅实现了"周游世界"的理想，这个项目还不断支持着我最爱的心理学教育事业。"团长"这个称呼也是从那时开始出现的。

借口

有时，人们用错误的逻辑形成一个信念，为的是给自己的失败找一个借口。

当一个人做了一件事情，却没有效果，他可能将自己的失败合理化，用一个借口为自己开脱。借口用得太多，就会变成一个信念。

我知道很多女士在减肥，有一次我的一个学员对我说："团长，运动减肥对我没用。"我问她："你尝试过了吗？"她说她曾经办过健身卡，还专门请了教练，学习了一段时间，体重不降反升。刚好我认识她的健身教练，有次聊天我们谈到这件事，她的健身教练告诉我："她都没有按时来过，可能就来过三四次吧。而且有些学员刚开始运动，运动完了会很容易饿，他们又觉得自己运动了，可以吃多点，结果运动量不够，饮食却增加了，当然会长胖。"

当一个借口变成"信念"的时候，就会限制我们找到解决问题的办法。

恐惧

限制性信念还有一个重要的来源，就是"恐惧"。

在我们的社会中，我们都害怕被批评、被无视、被拒绝，这些恐惧就会渐渐演化成限制性信念。

我曾经看过一篇文章，很多美国老师觉得中国学生太安静了，课堂上不发言，也不参加讨论，更不会提出反对意见。但美国学生就不同，他们经常挑战老师的理论。中国学生很可能有种信念——老师说的都是对的。但这种信念是怎么形成的呢？

借口用得太多，
就会变成一个信念。

04

/

怎样消除限制性信念

限制性信念大多数是在我们童年时期形成的，而我们一生都在"创造"经历去"符合"这些信念。如果你能回顾自己的人生，就会发现自己的经历总是相似的。

限制性信念会影响你的生活，它几乎会影响你做的任何一件事——阻碍你发现机会，让你丧失尝试的勇气。

消除限制性信念的第一步，当然就是找出它。

如何找出你的限制性信念呢？

首先，来看看你对自己生活的哪些方面不满意。比如，你很想找到一位伴侣，却发现自己很难和别人建立亲密关系，你会怎么解释这件事情？如果你是一位男士，你可能会说："女人都喜欢有钱人，我又不是有钱人。"如果你是一位女士，你可能会说："男人都喜欢年轻的女人，但是我已经不再年轻了。"总之，你若将这个现状合理化为自己无法解决的困难，那么这个解释很可能就是一个限制性信念。

但是你可能会说，事实就是如此啊，你还能举出很多亲身的经历去证明这个信念。你的信念就是以这样的方式运作的——你相信什么，你就会得到什么。只有你完全不再持有这个信念，它对你的魔力才会消失，它才不会再影响你的生活。

有时候，限制性信念不会以一种清晰的方式存在于你的头脑中，在生活的某些领域，如果你已经尽量采用乐观、积极地应对方式，但结果还是不满意的话，那么，你可能在这个领域存在限制性信念。

比如，如果你的财务状况很差，你对此有什么感觉？焦虑、愤怒还是无助？这时你需要让自己沉浸在情绪中一段时间，顺着情绪找出这个信念。每一种情绪可能代表不同的信念，如愤怒或许说明你有这样的信念——我这样的人不配有钱，无助可能说明你没能力挣到钱。

当你找出这些限制性信念以后，就可以用 NLP 的方法一步步消除它了。

第一步：将你的限制性信念写下来，然后好好感受它，感受它带给你的情绪。进入生活中种种不如意的经验里面，充分感受这些不如意给你带来的痛苦、悲伤、愤怒、内疚或其他种种情绪。

第二步：从情绪中抽离出来，让一个成年的、智慧的自己告诉过去的自己，这些都只是你的信念，而不是事实。你可能不会认同这个观点，因为你实实在在经历过很多事情。事实如此，你怎么去挑战呢？在这个时候，你可以做出选择。如果你希望过上理想的生活，这个信念就必须被消除；如果你仍然"抱住"它不放，你的目标永远无法达成。你为它做的每一句辩护，都会让它变得更强大。你希望达成自己的目标吗？希望的话，你就选择相信它只是你的一个信念，而非事实。

第三步：尝试用一个新的信念去替代它。你可以用一个积极正面的信念替代旧的信念，可是怎样知道这个新的信念对你是否有用呢？当你想到这个新的信念的时候，感受一下自己的身体和情绪，你是否觉得充满了力量，是否有了正面的情绪？如果是，那么这个新的信念就是正确的。如果你的财务有问题，你可以对自己说："曾经我的财务状况不好，但我从中汲取了不少宝贵的经验，这些经验足以让我以后受益。"

第四步：采取新的行动。当你采取新的行动时，你可能会感到害怕。跨出自己熟悉的领域，很多人都会感到害怕或者不适，但是你可以告诉自己，我的行动要符合自己的信念。比如，如果你认为自己已经从过去失败的财务经验中吸取了教训，那你会采取怎样的行动？如果你希望自己饮食健康，也给自己找到了新的信念，要成为一个饮食健康的人，那么每顿饭会为自己准备哪些食物？

第五步：奖励自己。如果你真的想告别旧的信念，形成新的信念，并且开始采取行动，一定要奖励自己。在不断巩固自己新的信念的过程中，它会越来越坚固，你的生活也会随之发生改变。

发现自己的信念，并且证明它是限制性信念并不容易，消除限制性信念更难。

就像一个人身体不舒服，他只能看见自己的症状，若没有医生的帮助，他很难发现病因是什么。发现了病因之后，才可能对症下药，但是，往往在"选药"这一步容易出错，一个资深的医生可能更容易找出适合的治疗方法和恰当的药物去治疗患者的疾病，但是若遇到经验不足的医生，则可能使用错的治疗方法。

"如何消除限制性信念"的方法，来源于心理学很多流派的理论以及我多年从业的经验，是经过许许多多实际案例总结出来的方法。看似很简单，只需要几个步骤，但实际上这个过程需要由专业人士指导才能顺利完成。

也许你从书中或者网上都看过不少改变信念的方法，但你会发现并没有什么用。很多人问我，"为什么我读了那么多书依然过不好自己的人生？"因为，知道是没有用的，重要的是能做到。如何才能真正改变自己的限制性信念，这里有一个关键的窍门，就是必须要有情绪的参与。在我的职业生涯中，做过不少个案，个案是否成功的关键就是我能否把当事人带回限制性信念形成时的情绪状态中。

很多朋友找我吃饭，让我帮他改变限制性信念，我通常都会拒绝，因为在饭桌上无法做到，这也是我一直推荐朋友去上课或找专业咨询师在特定环境中做个案的原因。

很多人也问过我这样一个问题，"我上了不少课，可是回去不久就忘光了，如何才能记住学到的东西？"

我通常会告诉这些朋友，如果上课只是为了学习知识，你一定会忘光的，因为人的记忆力是有限的，就算你非常用心地记住了老师所讲的知识，对你的人生大概也没什么用，即使你知道了很多，你的人生也并不会因此改变。

真正有用的并不是学到了多少知识，在互联网越来越发达的今天，只要能上网，知识随手可得，所以知识会越来越不值钱。我经常跟学员说："知识可以百度，唯有能力不能搜索！"

知识可以百度，
唯有能力不能搜索。

可以忘记的是知识，而能力一旦形成，你一生都忘不了。比如，小时候学会了骑自行车，不管你多少年没骑自行车了，今天的你一定还会骑，只要你的身体健康，你一辈子都会骑自行车，你永远都忘不掉骑自行车这种能力。

信念的改变也是一样，如果在课堂中你改变了某个限制性信念，对你的影响绝对是终身的！因为那不是知识，而是能力！

这本书的所有概念和方法，都为你打开了一扇通往幸福的门，但是走进门之后，你能走多远，取决于你在多大程度上掌握了这些方法。所以，除了读书以外，我也推荐大家走入课堂，在资深导师的指导下学习运用这些方法。

期待有缘的读者能够勇敢地走进心理学这扇门，去改写自己的种种限制性信念，重新活出精彩的人生！

无论如何请记住：不管你今天活得如何，你都值得拥有更美好的生活！

第四章

情感银行

01

/

别以为钱可以解决任何事情

前几章我们分别讲了"对与错""人生模式"和"限制性信念"，如果你能够明白这几个概念，并对自己的人生有所觉察，再按照本书给出的方式去尝试改变，你会迎来一次新的成长。

从这一章开始，我们将从个人成长角度转向如何维护人与人之间良好关系这个角度。没有一个人是独立生存在这个世界的，一个人总是需要经营很多关系，与亲人的关系，与同事的关系，与朋友的关系等。有些人事业成功，却不善经营关系，他的成功一定很辛苦，也未必长久。这些不善经营关系的"成功人士"，婚姻和家庭往往风波不断。

有人说，人心隔肚皮，人与人之间的相处太难了。真的很难吗？

是的，对于大多数人来说，是很难的！因为，大多数人都没有学习过如何与人相处，都不太了解人的心理规律。当你对人性一无所知的时候，与人相处怎么会不难呢？

但是我们也会看见某些人很善于处理人际关系，他们又是如何做到的呢？有人说"人情练达即文章"，多久才能达到"练达"的地步呢？又如何才能真正了解人性呢？以下的章节，我将通过几个真实的故事，对人性的各个方面有一个感性的认识，同时也会向各位读者传授处理人际关系的方法。

请你们看完这几章以后，再来回答这个问题——人与人相处真的很难吗？

钱也买不到的班长

"程总，谢谢你今晚的招待。我们一起敬程总一杯，谢谢他的盛情款待。程总现在的互联网公司做得有声有色，以后我们还要请程总多多支持。"

"好说好说！只要我能当选班长，以后吃的、喝的都包在我身上！"程东将杯中酒一饮而尽。

程东是《NLP 教练式管理》课程的一位学员，上面一幕就是他竞选班长前请客拉票的场景。

我们每一期的课程都会选班委，班长这个位置竞争最激烈。由于学员很多都是事业有成的老板，所以每一次竞选班长的时候，都能看到非常有趣的现象——每一个"成功人士"都使出十八般武艺竞争一个职位，可谓真正的"高手过招"。

在竞选环节，其他同学都准备了很多演讲稿，程东最后一个上台，对同学们说："同学们，如果你们选我做班长，我每人发 1000 元的红包。"

他讲完这句话，全场哗然。

接着他又说："任何班级活动，我愿意个人承担一半费用；任何同学来我所在的城市旅游，食宿我全包。"

程东自信满满地站在讲台上，对竞选班长这件事胸有成竹。

如此豪气的拉票竞选，我也是头一次看到，那么，程东最终有没有被选上呢？我先卖个关子，我们先来看看他为什么会来到我的课堂。

程东最常去的地方就是酒馆，借着酒劲他能口若悬河、滔滔不绝地讲很多俏皮话。程东似乎什么都懂，虽然没有一样精通，但是他很聪明，和搞房地产的人坐在一起聊互联网，和搞互联网的人在一起聊食品、贸易，和搞工业的人谈农业，和搞农业的人谈政治……大家都以为他是行家，而他不过只是知道些皮毛而已，可谁又会去深究自己不熟悉的行业呢？他的朋友似乎很多，无论哪个领域，都有几个他的"好哥们儿"，也没人真的会去验证他说的这些关系有多可靠。靠着巧舌如簧和这股聪明劲儿，再加上胆大心细，程东从一个纪念品销售员成为几家企业的老板，他曾经吹过的牛有些还真实现了。

纸醉金迷的日子一开始是挺诱人的，但过久了，程东感到有点疲倦，无聊、空虚成了聚会后的常态。认识的人不少，大家在一起时都称兄道弟，但是程东心里清楚，这些都是演戏。他自己是个戴着面具生活的人，所以谁戴着面具，他也心知肚明。他安慰自己，"人生就是一场戏，何必那么在意。大家都是演员，出来不过就是为了求财，只要有了钱，什么都好说。现在的人，哪会有什么真情。"

一开始，这样的套路还是挺有用的。可是最近几年，程东开始发现钱越来越不管用了。

最让程东触动的是公司最近的一次人事动荡。

去年年初，程东公司开始建立一个互联网平台——为一些高档社区配送新鲜果蔬、肉类。程东非常看好这个项目，专门停下手上很多工作开始找高档社区物业合作。合作谈下来以后，程东将手下几位技术最好的员工都调配到了这个项目。

然而不久之后，一个高级技术人员提出离职。这个人的离职就像一个导火索，之后不断地有人员开始离职。公司正在推进一些重要的项目，一两个员工离职倒没有什么问题，可是越来越多的人离职就是大问题了。程东渐渐发现，项目进度比自己预想的缓慢很多。怎么解决员工离职的问题呢？程东想了想，"不就是觉得钱给少了吗，我给！每个普通员工工资提高10%，主要负责人提高20%，不少了吧？这个项目一定要拿下来。"

工资刺激确实有点效果，但是半年过后，又出了一件大事——负责这个项目的经理突然提出离职，这还不算，好几个团队成员都要和他一起走。

程东为了留住他们，出了双倍的工资。然而那些同事似乎去意已决，任程东嘴皮磨破也无济于事。由于前期筹备平台一直没休息过，身体出了点小状况，加上留不住员工又急又气，程东竟然大病了一场。生病期间，程东觉得自己信奉的真理似乎突然不灵了。

在互联网界，缺的不是钱，是人才，比程东有钱的企业家多了去了，但是人才却相当紧俏。一个有技术、有经验的互联网人，不知道有多少投资人愿意出高价来挖。当钱不再像以前那样管用时，程东感到一丝恐慌。

程东出生于一个很普通的人家，在打拼的过程中，他深深地体会到钱的重要性。他做过很多工作，每一份都做得不长。后来一个朋友介绍他去旅游景点做纪念品销售，那是他第一次接触销售。程东天生是个销售人才，普普通通一个纪念品到他的手中，被说得天花乱坠。程东也特别会招揽游客，所以他销售业绩特别好。渐渐地，程东不满足于只是销售纪念品。他辞了职，开始应聘其他公司。

不久，他进了一家销售防火材料的公司，专门负责西藏、甘肃地区的销售。这两个地区也是公司当时尚未涉足的最后区域。程东第一次去跑销售的时候，被别人推出了大门，产品也一并被扔了出去。程东不甘心，第二次改变了策略——他手上提着的不只是产品，还有很多别的"礼物"。因为细心的程东发现，有些东西在西藏、甘肃这些地方，还算比较稀奇的事物。这一次推销果然顺利了很多，至少采购部主任客客气气地接待了他。虽然还没答应采购，但是程东摸索到了方法，也看到了希望。第三次再去，他见到了厂长，也成功完成了销售任务。当然程东也付出不少本钱。这种"有钱好办事"的方式在之后的工作中简直屡试不爽，程东在心里开始默默信奉一句"真理"——有钱能使鬼推磨。

赚到第一桶金之后，程东开始做自己的企业。在商场摸爬滚打了10多年的程东，已经熟谙"送礼"之道——送谁、送什么、什么时候送、送多少，他都非常清楚。当很多人都在抨击这种"潜规则"的时候，程东常常暗自窃喜。

这次生病让程东开始有点醒悟。躺在病床上的他心里其实很慌乱，如果钱都不管用了，他以后怎么运营公司？用什么办法扩大未来的事业？

程东的一个朋友是我的学员，这个人也是一个企业老板。他去医院看望程东时，发现程东面容憔悴，神情沮丧。那种沮丧并不是病人的沮丧，而是一种很无望的感觉。程东和他聊天也恹恹的，失去了往日的奕奕神采。在朋友关切的询问之下，程东才一点点道出自己的苦恼——如果钱收买不了人心，他该用什么办法招贤纳士呢？程东这个朋友建议他来学院参加一些培训课程，多了解一下"人心"。也正是因为这个契机，程东才走进了我们的课堂。

通过对程东的深入了解，我想大家对他为什么会用红包拉选票就不再奇怪了，因为，那就是他成功的法宝，也是他行走"江湖"的秘密。可惜的是，这一次，法宝不再管用了，这一次不仅没有为他争取到选票，还引来大家反感。他成了得票最少的候选人。

其中当然有一个原因是班上同学大多都是老板或者高管，程东期望用这些小恩小惠打动他们，实则是一种侮辱。更重要的是，程东平时根本没有和同学建立一定的关系，很多人对他都不了解，更谈不上信任，怎么可能放心选他当班长呢？程东这一招，不仅没博得同学好感，还使同学对他有了很不好的印象。

钱，也许能办到很多事情。但是，也有很多事情不是钱可以办到的。

很多时候，情感比金钱更管用，尤其是想要留住人才的时候。下面这个故事是我的亲身经历。

如何挽留想要离职的高管

我投资了好几家心灵成长培训公司。有一天，其中一家公司的CEO约我吃饭。

刚见面，我见他愁眉不展，似乎心事重重。我开玩笑地说："怎么那么不开心？不想和我吃饭？"

他说："团长您说笑了，其实是最近工作上遇到一件难事。约您出来吃饭也是想和您谈一谈。"

这家公司有一位合伙人叫大斌，他负责一个特别重要的部门。大斌这个部门做得特别好，最近一段时间他特别想将部门独立出来，成立一家公司，为此他专门找到 CEO 谈过，但是考虑到公司整体发展，CEO 拒绝了他的要求。一段时间之后，大斌提出离职。

大斌若现在离职，必然对公司造成非常大的负面影响，公司在短时间内很难找到合适的人接替大斌的职位。现在公司正处在发展的关键阶段，如果这个部门高层人事动荡，会对公司发展带来很消极的影响。CEO 找大斌谈了几次话，但是大斌的态度坚定，去意已决。

大斌负责的部门是网络推广部，他拥有丰富的互联网产品运营经验。互联网公司也正是投资者的风口，雷军曾说过"站在风口上，猪都能飞起来"，虽没见过飞起来的猪，只是互联网公司的待遇真是飞起来了。只要你真有本事，来挖你的人比热心的街道大妈还勤快。所以，互联网企业的人心浮动是一种常态，公司经营者们每天都在经受着这些煎熬。我的拍档眼前正处在这种状态中，我很了解他的处境。

为了能为拍档分忧，我请求他让我跟大斌见面聊聊。一般我不插手投资公司的业务，这次之所以会提出见大斌一面，是因为大斌也曾经是我手下的一名员工，后来随着业务分拆而转到了新的公司。我与他曾经有过一段情谊。这段情谊是怎样建立起来的呢？事情还要从几年前说起。

有一天公司开例会，我发现大斌没有来，询问同事大斌去哪里了。同事告诉我，大斌家里出了点事，他急急忙忙赶回去了。后来我才知道，大斌父亲被查出脑癌，需要立即做手术。

那时的大斌是一位普通的技术人员，收入不高，也没多少积蓄，面对高额的手术费用正在犯愁。

我找到大斌，告诉他我知道了他父亲的事情，问他是否需要帮助。大斌有点为难地说："父亲手术需要准备一笔费用，大概要10万块钱。我只筹到了5万元，还差5万元，太急了，不知道去哪里凑。"

"不用去凑了，我先帮你垫上，公司有个基金，你忘了吗？谁有困难都可以动用基金里的钱。"我安慰大斌，"下午我让财务把钱划到你账户上，先去给你父亲交手术费吧。"

大斌看着我，眼神里有惊讶，也有感动。他用略微颤抖的声音小声地说："团长，这个钱……我不确定什么时候才能还给您……"

我拍拍他的肩膀说："钱你不用急着还，成立这个基金的目的就是帮助有需要的同事，以后有能力赚到钱再把钱还上，让其他有需要的同事可以得到帮助，如果真没钱，你可以永远都不用还。你先拿去给你父亲交手术费，好好照顾你父亲，如果还有什么难处，你再来找我。"

"谢谢您，从下个月起，从我的工资中扣，我会尽快还清的。"大斌是乡下孩子，我也是，乡下出生的孩子都不愿欠别人的人情，这一点我非常明白。

"不用，这是基金里的钱，因为有你和同事们的共同努力，才有公司的今天，所以，这个基金有你的一份功劳，你值得享用这个基金的帮助。"让受助者不会因为被帮助而愧疚，维护受助者的自我价值，这是我一贯的助人原则。

大斌感动得向我深深地鞠了一躬。

这件事情之后，大斌对我非常尊重，虽然我和他之间还隔着一层管理级别，平时很少打交道。后来随着新公司成立，大斌到了新成立的互联网公司，我们之间见面次数更少了。但是我们偶尔会见面，我能通过他对我的态度感觉到，我在他心中有一定的位置。

我也是穷孩子出身，深深知道需要钱时却拿不出来的那种焦虑。很多年前，我曾是家里的骄傲，因为我是我们村里第一个考上大学的。在那个时候，一个农村的孩子能考上大学，可以说是整个家族的荣耀。可是这个荣耀，却愁坏了我们全家人——因为大学的学费对那时贫寒的我来说是个天文数字。

父亲知道我想读书，也为我能考上大学感到光荣，他安慰我说："放心，学费爸爸来想办法。"从那天起，父亲开始在我们村挨家挨户借钱，求别人帮忙。可是农村人又能有多少钱，即便有点积蓄，谁又愿意借给别人家的孩子读书？父亲那段时间天天往别人家跑，一遍遍地央求亲戚邻里借钱给我们，即便如此，仍然没有凑够学费。

我记得一天傍晚回到家中，看见父亲独自漠然地坐在一张老旧的小木凳上，低着头抽闷烟。他紧锁着眉头，眉间和额头几道深深的皱纹，仿佛刀痕一般刻在了我的心上，那种疼痛的感觉，我至今想起似乎都要吸一口凉气。从那时起，我深知需要钱却没有钱的苦，是一种心如刀割却无法言表的痛。

工作以后，我父亲也曾得过一场重病，那时我还年轻，经济也不宽裕。我很想为父亲请最好的医生、用最好的药，让他接受最好的治疗，可每次碰到钱这道坎儿，我却不得不谨慎，思考再三，反复计算。面对父亲的疾病还要斤斤计较，我很愧疚，可是面对钱不够这么冷冰冰的现实，我也无可奈何。每到这时，我就会想起父亲当年借钱让我上学独自愁闷抽烟的样子，他当时无力、无奈的感觉，似乎也蔓延到我的心里。所以，当我有能力之后，立即在公司里成立了一个困难互助基金，把自己其中一年的所有企业培训导师费拿出来，希望公司里的同事在面临和我当年相似的困境时，可以无后顾之忧。这个基金成立快10年了，公司里好几位同事都用到了这个基金，他们再也不用经历我当时那样的窘困。

大斌是这个基金的其中一位受益者。

和拍档聊完之后，我约大斌吃了一顿饭。这次谈话非常顺利，大斌答应留下来。我知道，我的谈话会有效果，并不是我比我的拍档有更高的谈判能力，而是几年前我曾经在大斌的情感银行中存过一笔钱。

02

/

什么是情感银行

美国心理学家威拉德·哈利（Willard Harley）提出了"情感银行"这个概念。他认为，每个人心里都有个情感账户（见图 4-1）。他将关系中的相互作用比喻为银行中的存款与取款。存款可以建立关系，修复关系；取款使人们的关系变得疏远。存款是指让对方开心，感觉被欣赏、被肯定，或是做了一些让对方高兴的事；取款则是请求帮忙、求助，或者获得对方的支持。而批评、指责、嘲讽甚至谩骂等行为，会迅速消耗你的情感存款，甚至让你的情感账户透支。

当你在对方"账户"的情感存款丰厚的时候，你身上的一些小问题就可以被对方原谅。但如果你在对方的情感账户没有存款甚至负债，你的一点小问题也会被放大，导致对方不能原谅你。

情感银行其实在我们的文化中存在已久，就是我们常说的"人情"。我们也常常将人情比作钱款，如谁帮了我们一个忙，我们就会说"欠了一个人情"。

大斌能够留下来，是因为几年前在他困难的时候，我曾帮过他大忙，在他的情感银行中存过一大笔"款项"；而程东是一个不太注重存储情感的人，那些他觉得没利益关系的人，他不想投入自己的感情。当然，这也和我们上一章讲到的"信念"有关，在他的信念中，

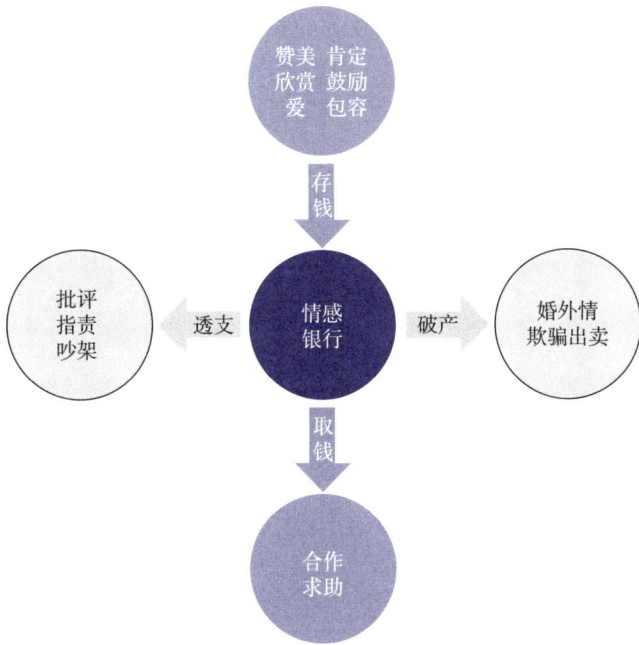

图 4-1　情感银行

金钱可以使别人满足他的任何需求，包括情感需求。然而他不知道
"情感"其实有另外一个账户，他从不经营和员工之间的这个"账户"，
以为不停给员工加工资就可以留住他们，但实际上"金钱"往往在关
键时刻不如"情感"有效。

我们确实听说过一句话——有钱能使鬼推磨。这句话在我们文
化中流传了很多年，我猜相信这句话的大有人在，并不只程东一个。
这句话有问题吗？客观地说，这句话曾经并没有问题。但是，它渐
渐不再适用于现代这个社会了。为什么会这样呢？这里，我想借用
著名的心理学家马斯洛提出的"需求层次理论"来解释这个问题。

马斯洛需求层次理论

马斯洛将人类需求像阶梯一样从低到高分为五个层次，分别是：生理需求、安全需求、社交需求、尊重需求和自我实现需求（见图4-2）。

图4-2 马斯洛需求层次

第一层次：生理需求

任何一项需求（除"性"以外）得不到满足，人类的生理机能就无法正常运转。换句话说，人类的生命会因此受到威胁。从这个意义上说，生理需求是推动人们行动最首要的动力。马斯洛认为，只有最基本的需求满足且达到维持生存所必需的程度后，其他需求才能成为新的激励因素，那时，这些已被满足的需求也就不再成为激励因素了。

第二层次：安全需求

马斯洛认为，整个有机体有一个追求安全的机制，人的感受器官、效应器官、智能和其他能量主要是寻求安全的工具，甚至可以把科学和人生观都看成满足安全需求的一部分。当然，当这种需求一旦得到相对满足后，也就不再成为激励因素了。

第三层次：社交需求

人人都希望得到别人的关心和照顾。感情上的需要比生理上的需要来得细致，它和一个人的生理特性、经历、教育、宗教信仰都有关系。

第四层次：尊重需求

人人都希望自己有稳定的社会地位，要求个人的能力和成就得到社会的承认。尊重的需求又可分为内部尊重和外部尊重。内部尊重是指一个人希望在各种不同情境中有实力、能胜任、充满信心、独立自主，内部尊重就是人的自尊；外部尊重是指一个人希望有地位、有威信，受到别人的尊重、信赖和高度评价。马斯洛认为，尊重需求得到满足，能使人对自己充满信心，对社会充满热情，体验到自己活着的价值。

第五层次：自我实现的需求

自我实现的需求是最高层次的需求，是指实现个人理想、抱负，发挥个人能力到最大程度。达到自我实现境界的人，接受自己也接受他人，解决问题能力增强，自觉性提高，善于独立处事，要求不受打扰地独处，完成与自己的能力相称的一切事情。也就是说，人必须干称职的工作，这样才会使他们感到最大的快乐。马斯洛提出，满足自我实现需要的方式是因人而异的。自我实现的需要就是指努力实现自己的潜力，使自己逐渐成为自己期望的人。

马斯洛认为，五种需求像阶梯一样从低到高，按层次逐级递升，但这种次序不是完全固定的，可以变化，也有种种例外情况。

一般来说，某一层次的需求相对满足了，就会向更高层次发展，追求更高层次的需求就成为驱使行为的动力。相应地，基本获得满足的需求就不再是激励的力量。

五种需求可以分为两级，其中生理需求、安全需求和社交需求都属于低级的需求，这些需求通过外部条件就可以满足；而尊重的需求和自我实现的需求是高级需求，通过内部因素才能满足，而且一个人对尊重和自我实现的需求是无止境的。同一时期，一个人可能有几种需求，但每一时期总有一种需求占支配地位，对行为起决定作用。任何一种需求都不会因为更高层次需求的发展而消失。各层次的需求相互依赖和重叠，高层次的需求发展后，低层次的需求仍然存在，只是对行为影响的程度大大减小。

回溯过去，大多数时候物质匮乏，人们生活贫穷。按照马斯洛的需求层次理论，过去很多人还挣扎在满足最基本的"生理需求"这一层次上，所以"钱"确实是最有效的手段。

但随着生活水平日益提高，最基本的需求几乎都已经满足了。在低层次需求满足以后，人们就开始想要满足高层次的需求了。

很多企业的优秀员工和高管真正需要的根本不是钱，因为凭借自己的实力，他们去哪里都可以找到一份收入理想的工作。程东没有找到离职员工真实的需求在哪里，还在用曾经的理念指导现在的行为——给员工加工资，留住他们——这当然行不通。一个只是重视"钱"的老板，必然在"情"上就会表现淡薄。程东一直觉得这个世界上所有人都只看重钱，那他当然只会用"钱"去解决问题，而忽略在别人的"情感银行"中存款。一个从来没有在别人"情感银行"中存过款的人，在面临"钱"解决不了的问题时，又有什么资本与别人谈判呢？

如何在"情感银行"中存款

想要在别人的情感银行中存钱，需要做到的就是给予别人肯定、赞美、关心、帮助、爱，并且能够真心地欣赏对方，在适当的时候给予鼓励，这些都是存钱的行为。

"情感银行"对建立和维护人与人之间的关系如此重要，但是"存款"却并非简单的行为，在很多时候，有些人以为自己在存款，却存错了账户，或者别人根本没收到。

怎样才能够将款存到你想要存的"情感账户"中呢？一定要把握好两个原则。

原则1：给予别人真正需要的东西

当你口渴的时候，一个人给你水喝，这就是你需要的。但是，如果这个人给你一个馒头呢？从他的角度来看，他给予了，是在存款，但是从你的角度来看，这不是你要的东西，这可能是一个取款行为。如果你们知道对方的感受，一定都会觉得委屈。

我曾经听过一个笑话，有一对老夫妻晚上吃鱼，丈夫把鱼头给了妻子，自己吃鱼尾。妻子突然就生气了，对丈夫说："我和你一起生活几十年了，你一直都把鱼头给我吃，我喜欢吃的是鱼尾！"正在吃鱼尾的丈夫愣住了，过了好一会儿才说："亲爱的，我不知道你喜欢吃鱼尾。其实，我最喜欢吃的就是鱼头。"

这则笑话明显表现出了夫妻关系中的一个问题——我们以为在对别人好，但别人未必认同。

很多夫妻不和睦，也是如此。妻子在家辛辛苦苦打扫卫生、洗衣做饭，但丈夫却不认可。妻子会觉得很委屈，"我为这个家庭付出了这么多，你却不认可我。"但丈夫也有自己的委屈——"我不需要一个保姆，我需要的是一个能在我孤独的时候陪我说说心事、聊聊天的爱人，家里脏一点、乱一点有什么关系？没人做饭，去餐厅吃好了。"

妻子如果总是按照这样的方式去做，付出越多，她在丈夫那里的存款被取走越多；而丈夫又不认可妻子的做法，总是不给予肯定，他在妻子那里的存款也会减少。所以，**情感存款一定要给予对方想要的东西。**

那我们怎么判断对方的需要，然后投其所好地给情感账户存款呢？其实有一个非常简单的方法，就是仔细听听对方经常抱怨的是什么。在抱怨最多的事上，做 1% 的努力，这时就相当于存 1 块钱，而对方相当于收到 100 块钱。比如，对方总抱怨你是个工作狂，像个男人婆，你可以偶尔早点下班去接接孩子。只要你稍微做点调整，他就会有很大的心理满足。

原则 2：找对"存款"时间

银行 4 点钟下班，8 点钟才去存款，能存款成功吗？同样，情感存款也要找对时间，你在对的时间存款，也许只存了一点，别人却能收到很多；而你在不对的时间取款，只是取了一点，别人却觉得你取了很多。

当对方做错事情觉得很心虚的时候，如果你能不谈这件事并且原谅他，这就是一笔大存款。举个例子，据说很多家庭因为投资失误造成了夫妻情感危机。有些夫妻会责怪对方投资失误，但如果这时候一方能对另一方说："我了解你的挫折，每一个人都会有失误，那没有关系，钱还是可以赚回来的。"这句话，就是一笔大存款。

再举个例子，与别人发生争执的时候也是存款的好时机。当两人意见不合时，一方如果能很快转换角色，站在对方角度思考问题，这也是一种存款的方式。

存款的最佳时间有一个很重要的关键点，这一点几乎对所有的人都适用，这个关键点就是情绪高涨的时候。试着回想一下过往中印象最深刻的事情是什么？我猜此刻你能想起来的，都是那些与情绪有关的事情。人们的大脑很健忘，每天都会发生大量的事情，但我们能记住的不多，一旦某件事情被情绪所包裹，我们就很难忘记。所以，我经常告诉学员这样一句话："能忘掉的是事，忘不掉的是情。"

因此，在别人遇到挫折、失败、困难或是悲伤、痛苦时，我们能及时施以援手，哪怕是一点点力所能及的帮助，你在对方的情感账户上就会存上一大笔"款项"。

雪中送炭总比锦上添花要强。

专栏

爱的五种语言

关于如何在婚姻中给彼此存款，美国著名婚姻家庭专家盖瑞·查普曼博士（Dr. Gary Chapman）提出"爱"有五种语言，每一个人对于"爱"都有自己的定义，他们希望爱人给予自己的东西也不相同。如果你知道伴侣爱的语言是什么，然后给予他想要的，才能让他真正满意。这五种语言分别是什么呢？让我们一起来看看。

第一种语言：肯定的言辞

如果你的伴侣最主要的"爱的语言"是肯定，你的赞美和感谢是对伴侣最好的滋养。不久，你就能看到你的婚姻发生变化，因为你的伴侣会对那些赞美和感谢感到满意。

第二种语言：服务的行动

"行动比语言更有说服力。"

对某些人来说，伴侣为你做了什么，才是爱的表现，比说什么情话都管用。

一个已婚15年的女人说现在的婚姻让她感觉很受挫。

"我老公倒是每天都说'我爱你'，但他什么事情都不帮我做。我洗碗的时候他就会坐在沙发上看电视，压根儿就没想过帮我做点什么。我现在简直听烦了他说'我爱你'。如果他真的爱我，就该帮我做点儿家务。"

这位女士爱的语言就是"服务的行动"。当丈夫明白妻子的语言是"服务的行动"后，他开始学习自己妻子的"语言"。不到一个月，他们的婚姻就有了极大改善。

第三种语言：收礼物

人类历史上，送礼物给别人被看作一种示爱。因为大家心里都有一个想法，如果你爱某人，那么就会送点儿什么给伴侣。

但很多人都不知道，对某些人来说，"收到礼物"就是他们爱的语言，这种行为会让他们感觉自己备受宠爱。如果你的伴侣有着这种"爱的语言"，不妨在伴侣生日、节日、结婚纪念日，甚至不怎么特别的日子送礼物。

礼物不用贵重或精美，重在心意，一张卡片、一束花都能让伴侣开心不已。

第四种语言：高品质时间

如果你的伴侣"爱的语言"是高品质的时间，给伴侣全身心的关注是展示你爱意的最佳方式。有些男士可以一边看电视、一边读杂志，还能听到妻子讲话，并为此感到自豪。

这是个令人羡慕的特质，但这可不是什么"高品质的时间"。

男性朋友们，如果你真的期待你的妻子对你赞赏有加，下次你看体育赛事的时候，如果她刚好走进房间，如果她想和你聊天，关掉电视机，全身心关注她。这样你在她心里一定能加 1000 分。

第五种语言：身体的接触

我们早就知道了身体接触对感情会有巨大影响。身体的接触是我们还在婴儿时期就能理解的"爱的语言"。

婚姻中，"身体的接触"这种爱的语言包括：与伴侣散步时，将手搭在伴侣肩膀上；一起在外时手牵手等。

如果伴侣"爱的语言"是身体的接触，没什么比你主动伸出手触碰伴侣更为有效地表达爱意的方式了。

找到对方"爱的语言"，用对方需要的方式去关爱对方，你的每一分存款，对方都能够收到。因为，你存款的账号正好就是对方的账号；如果你只是用自己的喜好去对待另一个人，很多时候，你会存错账号，就算你付出了大量的情感，对方却一点也收不到。

这就是 NLP 所说的，沟通的意义在于对方的回应。

伴侣为你做了什么，才是爱的表现，比说什么情话都管用。

03

/

情感债务

什么是情感债务

给别人的情感银行存款，当然有很多好处。在管理中，给员工的情感账户存钱，会使领导者在员工心里更加有分量，增加领导者的影响力；在婚姻中，给伴侣的情感银行存款，可以使夫妻间的关系更加融洽。

但是，话又说回来，任何事情都具有两面性，就像道家的太极，阴中有阳，阳中有阴。医学上也有类似的说法，是药三分毒，人参错用是毒药，砒霜用对是良方。不适当的存款，会让处于弱势的人产生一种愧疚感，如果一个人经常性地接受别人的情感存款，甚至成为一种依赖时，会形成一笔很大的"债务"，这种债务，我们称为"情感债务"。

欠了钱，只要我们努力赚钱，总有一天可以还清；欠了情，就不是随便能够还得清的了。这种还不清的情感债务，会对我们的身体和心灵造成很大的伤害。

以下四种情况都会产生情感债务。

第一种是恩惠衍生的情感债务。当你遇到困难时，需要别人施以援手，帮助自己渡过难关。受帮助的一方获得了益处，而提供帮助的一方，在时间、金钱、利益或其他某些方面有所付出。对于他人这种付出，受助方首先会感激，继而会觉得对他人有所亏欠，会找机会报答。一旦还没有找到合适的机会报答他人提供的恩惠，就会形成一种情感债务。

第二种是愧疚引起的情感债务。有时候我们会做错一些事情，对他人造成伤害。这时你可能会觉得至少要向对方说声对不起，甚至会提出补偿的建议。反过来他人伤害了我们，我们也很希望听到一些道歉的话语，或者是通过一些补偿（行动上的），让我们能够心理平衡。

第三种是承诺产生的情感债务。当我们对他人许下一个诺言时，就会让对方产生期望。如果承诺没有履行，且我们承诺的事对他人又很重要，他们就会有失望的感觉。特别是在对方非常信任我们的情况下，期望值会更高，如果我们没能履行承诺，那我们不仅欠他们一个承诺，更是辜负了他们对我们的信任，动摇了自我形象。承诺是一把很有威力的"双刃剑"，信守承诺，会获得别人的尊重，否则，只会给别人留下不值得信任的印象。

第四种是角色和责任带来的情感债务。每一个社会角色都承担着相应的责任，如妻子和丈夫的角色，有些事情是丈夫应该做的，是他该承担的责任，另外一些事情是妻子应该做的，是妻子应该承担的责任。如果由于特殊的原因，双方或一方无法承担相应的责任，情感债务就产生了。比如，父母因为工作的原因，无法照顾自己的孩子；或者成年子女能力有限，无法让自己的父母过上好的生活，或者父母患病需要治疗时，无法筹到足够的医疗费用；夫妻一方因为身体或者体质的原因，无法承担应有的家庭经济责任，沉重的经济压力落到另一方身上……这些状况都会产生情感债务。

以上四种情况，是情感债务产生的主要来源。情感债务不但会影响当下这段人际关系，甚至还会影响其他人际关系的建立与维系。

一个人处于弱势位置的时候，可能会有人愿意提供帮助，但是如果这个人接受了别人太多的帮助，而又觉得自己无法还清的时候，就会产生愧疚的感觉。这种感觉可能会影响个体的很多关系和行为。

健康适量的愧疚感，是心灵的报警器，是人类良知的情绪内核，它可以提醒我们照顾他人的利益和感受，调整人际关系，有利于个体适应社会生活，但过度的愧疚感会对我们的身心产生很大的危害。

当一个人因情感债务而产生愧疚时，通常会有如下三种反应。

1. 自责和自我惩罚。你可能在电影或现实中看过这样的场景，一个人做了错事后，会扇自己耳光，或者有些人会用利器扎伤自己，通过这种方式减少愧疚的感觉。

2. 自我攻击。如果愧疚感强烈到一定程度，自我惩罚就会升级为自我攻击，甚至自我毁灭，这种方式通常是自残或者自杀。还有一种潜意识的自我攻击是让自己生病。

3. 无价值。过度的愧疚感会让人自责、自我惩罚和自我憎恨。这种对自己的否认情绪会产生自卑，也就是内在的一种极大的"不值得拥有"感，觉得自己不值得被爱，这种不值得、不配的感觉就是心理学所说的低自我价值。自我价值是一个人的灵魂，当一个人的自我价值被摧毁后，他什么事情都做不好，人际关系、工作、财富等方方面面都会陷入困境，欠的人情就会越来越多，陷入一个负面的循环中，无法自拔。

身心是一个系统，当心理处于长期的痛苦状态时，身体同样会出问题。《生命的重建》一书作者露易丝·海在书中说过，当我们自我批评、怨恨和内疚时，会创造一种叫"疾病"的东西。所以，情感债务不光会破坏我们的心理，更严重的是会摧毁我们的身体。

因此，不适当地助人，有时也是一种伤害。至于如何帮助别人又不会因为情感债务而对人造成伤害，我们稍后再谈，我们先谈谈如何消除已经对我们造成伤害的情感债务。

如何消除情感债务对我们的影响

我们或多或少都会欠下一些情感债务，如果你已经意识到自己深受情感债务的困扰了，请不要害怕，经过多年的发展，心理学已有很多方法可以帮助我们处理这些困扰，这或许就是一次改变的好机会。

处理情感债务引发的愧疚感，可以试试如下方法。

1. 接纳。情绪没有好坏之分，它只是一个信号，愧疚感也是一样。所以，当我们感到愧疚时，不要去否定它，更不能去对抗它。正确的方法是接纳它、拥抱它、感谢它，然后去看看它到底要带给我们什么信息，我们可以从中学到什么，如何去提升自己。

2. 表达感谢或道歉。上面说过，受惠、亏欠、失信、不负责都会产生愧疚感，对于第一种情况，我们要向帮助我们的人表达真诚的感谢；而对于后三者，我们要向我们曾经伤害过的人表达歉意。哪怕对方不在我们身边，或者已经不在人世，我们也要表达。因为，这种表达也是自己的一种情绪宣泄。

3. 提升自我价值。告诉自己，我是值得被帮助的，肯定并欣赏自己。

4. 用时间界定法。把过去或目前的困境界定在某一个时间范畴之内，告诉自己，这是暂时的。坚定未来改变的可能性，对未来充满希望。

5. 通过学习和成长，让自己慢慢强大起来。只有强大起来，才能承担责任、弥补过错、惠及他人。

6. 成为一个助人的人。帮助他人有助于提升自我价值，同时也可以让世界因为我们的存在而变得更加美好。

NLP 或其他心理学流派对消除这种愧疚感还有很多方法，但是这里篇幅有限，我们就不再谈及。当然，上面的方法看起来好像挺简单的，但实际操作起来还真不容易，因为自己操作时很难进入情绪中，没有情绪的参与，改变会遇到很大的障碍，这一点在前面的章节已经谈过。如果你有类似的问题，或许可以考虑走进课堂，在课堂中解决。《升级生命软件》系列课程就是专门处理无助、无望、无价值这些病毒的，而愧疚，就是无价值的一种表现。

不适当地助人，有时也是一种伤害。

助人时如何避免造成情感债务

让被帮助的人有价值

或许大家都听过这个故事。

在一个公益扶贫现场，一位年轻义工下了卡车，看到一位瘦骨嶙峋、衣不蔽体的男孩朝他们跑来，那个男孩很少看到这样的大卡车。义工动了怜悯之心，转身拿了车上的物品向小男孩走去。

"你要干什么？"一位资深义工大声呵斥，"放下！"

年轻义工愣住了，他不知道这是怎么了，我们不是来做慈善工作吗？

资深义工朝小男孩俯下身子："你好，我们从很远的地方来，车上有很多东西，你能帮我们搬下来吗？我们会付报酬的。"

小男孩迟疑地站在原地，这时又有不少孩子跑过来，资深义工对他们说了相同的话。有个孩子就尝试着从车上往下搬了一桶饼干。

资深义工拿起一床棉被和一桶饼干递给他，说："非常感谢你，这是奖励你的，其他人愿意一起帮忙吗？"

其他孩子劲头十足地一拥而上，没多久就卸货完毕，义工发给每个孩子一份救助物资。这时又来了一个孩子，看到卡车上已经没有货物可以帮忙搬了，十分失望。

资深义工对他说："你看，大家都累了，你可以为我们唱首歌吗？你的歌声会让我们快乐！"

孩子唱了首当地的歌，义工照样也给了他一份物品，说："谢谢，你的歌声很美妙。"

年轻义工看着这些若有所思。

晚上，资深义工对他说："对不起，我为早上的态度向你道歉，我不该那么大声对你说话。但你知道吗？这里的孩子陷在贫穷里，不是他们的过错，如果你轻而易举就把东西给他们，让他们以为贫穷可以成为不劳而获的谋生手段，因而更加贫穷，这就是你的错！"

帮助别人是一个善良的举动，可是，如果帮助别人而让人产生无价值感、愧疚感，这就不是帮助人了，而是用一种叫"助人"的方式去害人。所以，光有善良是不够的，正因为我们善良，所以我们更要有智慧。

如何助人而不害人，从上面的故事中我相信大家已经深有感触。助人，要让对方觉得他是值得被帮助的，通过他的某种付出，让他觉得自己是有价值的。这，就是助人的基本智慧。

让爱流动

有一部电影叫《把爱传出去》（Pay It Forward），电影一开始，主人公尤金老师非常动情的"改变世界"一课，触动了小主人公特雷弗，于是他脑中产生了几何式发展的爱，相信爱，并且开始传递爱。于是，骑着单车的他展开了更多的寻爱之旅，传递着爱的行动和信息。他让吸毒的流浪汉戒掉了毒品，得到了重生；让自己的母亲不再借酒消愁，开始相信爱，开始原谅外婆，她们重归于好；让老师尤金不再只活在自己的世界里。

影片用特雷弗的生命诠释"让爱传出去"，虽然电影有戏剧的成分，现实生活中的爱的传递有时未必会像电影那样有效果，但这种让爱流动的方式是疗愈的。当我们帮助了一个人，而对方暂时还没有足够的能力去做什么的时候，可以像电影主人公那样，告诉对方——当你以后有能力时，像我一样去帮助身边的人，用这种方式把爱传出去。这样做不是为了让这种爱像电影讲述的那样最终流回到自己身上，而是让爱流动起来，让被帮助的人感到有价值！就算今天我们在某些方面还处于弱势，需要接受别人暂时的帮助，我们也不会觉得自己欠了一笔永远也偿还不清的情感债务。

同时，我想提醒各位读者，当我们面对困难的时候，如果能够自己解决问题，尽量自己解决；遇到暂时不能解决的问题，尽量提升自己的能力，让自己每天都在成长、不断进步，今天解决不了的困难，总有一天会迎刃而解。

04

/

情感银行的现实案例

把丈夫推开的女人

一架飞机划过湛蓝的天空，留下一道白色的烟，蓝天就像被划开了一条长长的伤口，从东到西。

秋天的阳光还是很刺眼，仰望天空的时候，董羽的眼睛被阳光刺得流出泪来。此时那个男人应该已经坐在飞机上了吧，也许他在9 000多米的高空中正愉快地看着窗外的白云，他永远也不会知道，在遥远的地面，有个女人此时正望着天空流泪。

中秋节到了，但是今年没有月圆，也没有团聚。董羽将孩子送到了父母家，独自来参加我的课程。而此时，她的丈夫正和另一个女人坐在飞机上，去国外旅行……

董羽年轻的时候很漂亮，是学校舞蹈队的队长，因为舞蹈特长，她被保送进了一所重点大学。在大学里，她认识了后来的丈夫肖军。肖军当时是建筑系的高才生，还是校篮球队一员，高大英俊。他和董羽是当时学校里公认的"金童玉女"。

然而，董羽的父母反对女儿和肖军在一起。董羽父母都出身书香世家，两人都是高级知识分子，董羽从小在优越的环境中长大。但肖军家庭背景却差得比较多，父亲很早去世，他由母亲抚养长大。母亲做一点小生意，含辛茹苦十几年将儿子养大。还好肖军十分争气，成绩一直很好，考上了重点大学的建筑系，还被保送研究生。

董羽父母使了很多方法阻止女儿和肖军来往，然而越阻止，两人的关系越坚固。最后董羽父母只好妥协，同意两人在一起。大婚那晚，肖军紧紧抱住董羽说："亲爱的，这辈子我一定会对你好，只对你好。"

一想到这里，董羽的眼泪又哗哗地流了下来。这些年到底发生了什么，使两人变成今天这样？

她想起丈夫求她的情景："我们离婚吧，我不爱你了。"

"不爱了？难道你忘记曾经许下的诺言了吗？"董羽记得自己对肖军歇斯底里地吼叫着。

过去那么多年的记忆被董羽反复翻出来，她想知道，到底是什么时候出的错，导致了她与丈夫之间的问题。

思来想去，她也不知道哪里出了问题，她能感到丈夫对自己越来越冷漠，越来越疏远，可是她不知道错在哪里。

董羽是《升级生命软件》课程二阶的一位学员。无助的董羽在一个深夜给我发短信说："团长，非常抱歉这么晚还打扰您，但是我真的非常难过，我老公有了外遇，我被抛弃了，我不知道该怎么办，甚至想一死了之。我不明白他怎么这样狠心，我到底做错了什么。这么多年我为了他付出了很多，他变得越来越好，可最后我却被抛弃了。中秋就快到了，可是他却跟另一个女人去旅游了，我最近总失眠，好痛苦，能不能帮我做个案？"

看到董羽的求助信息，我能感受到那种被背叛、被抛弃后的痛楚，我答应第二天帮她做个案。

第二天早上，在简略地讲解了一些婚姻的基本知识后，我把董羽请到了台前。也许因为失眠，她非常憔悴，双眼无神。她曾经是班里很注重仪表的一位女士，还常常和其他女学员分享穿衣心得、护肤心得，可现在的她穿着一件皱巴巴的连衣裙，头发胡乱地扎起来，眼角仿佛还留着泪痕。

我请董羽跟我和同学们说一下她的婚姻状况，还没开口，她的眼泪就涌了出来，开头的那一幕就是她一边哭泣一边断断续续描述出来的画面。

"团长，我为他牺牲了很多，无论是婚前还是婚后，为什么落得今天这个下场？"

我没有回答她，我也无法回答她，很多人以为做心理工作的人什么都知道，其实我们什么都不知道，我们唯一知道的就是保持好奇心，做一面镜子，在陪伴的过程中让当事人自己去觉察。

"是啊，听你的描述，你已经为他付出了很多，现在他这样对你，你感到很难过，对吗？是怎么发展到现在这个地步的呢？"我用一个新的问题去回答她的问题。

"在别人眼中，我丈夫是个高才生，成功人士，相貌堂堂。可你不知道，为了他现在的一表人才，言谈举止不俗，我费了多少精力。他的家庭经济条件其实很差，他大学时的一双球鞋，一直穿了7年。我记得去年参加他公司的年会，他公司的同事一直称赞他很会搭配衣服。一双球鞋穿了7年的人，哪里懂什么搭配！全是我一手教出来的。我是一个很注重形象的人，刚结婚的时候我都不好意思带他见我的朋友，他总是穿那些不适合的旧衣服，含蓄一点的朋友说他朴素，有些比较直率的朋友直接在我面前说他'土里土气的'。那时他总是穿旧衣服，有些还是别人穿过的衣服，大小、款式都不适合他。我命令他扔掉去买新的，他一开始还舍不得。我只有把他那些衣服全部剪破，他没办法才同意扔。扔掉的那些旧衣服有整整两大包。年轻时我们经济条件都不太好，为了让他穿得光鲜亮丽，我都是先给他买衣服，才买自己的。几年下来，他才慢慢开始对穿着有点品位了，否则即便他现在有钱，也还是一个土里土气的大老粗而已。"

董羽说得有点激动，我让她喝了口水，她继续说："我刚嫁给他的时候，他就是个木讷的理工男。他学习成绩是好，但也只是理工科好，文学修养很差。我家是书香世家，我父亲是当地小有名气的文人，两位哥哥也是学者。家里聚会邀请的亲戚朋友都是文人雅士。他那时的谈吐简直让我感到丢脸，尤其在我父亲的朋友面前。虽然他们不明示，但是从我父亲对他的态度也能看出，我父亲对自己有这样的女婿感到羞耻。其实家人一直反对我嫁给他，认为他各方面都配不上我。看着自己爱的男人被自己家人看不起，那种心情真是复杂：又难过、又焦急，一边觉得家人过分，另一边也觉得他不争气。如果不是我逼着他学习文学，他现在哪有可能被别人认为是个儒商！现在我父亲愿意坐下来和他聊聊天，谈谈历史、国学，这不都是我的功劳吗？"

"他原来喜欢整天宅在家里看书，朋友一直都是那几个不够档次的，聚在一起就喜欢在大排档喝啤酒。若不是我常常骂他不懂社交，鼓励他去参加一些高端的社交活动，他哪里可能进入现在这样高端的朋友圈！现在人人都以为他是一个高雅的成功人士，只有我知道他当年的蠢样儿！"

董羽越说越气愤，脸都涨红了，眼里的血丝似乎更明显了。我看着她的表情突然变得有些狰狞，心里不禁一惊，连端茶杯的手都微微震了一下。我心里一阵叹息，这样的妻子，男人在她面前哪里还有尊严！

我问董羽："听你这样说，好像是你把一个土里土气的乡下仔培养成了一位有成就的儒商，在这过程中，你付出了很多，可是你丈夫却背叛了你，和另外一个女人在一起，你为此感到痛苦，对吗？"

"是的，我这样对他，没想到他把我的良心当狗肺，我当初真是瞎了眼，嫁了这个混蛋。"

"从你的口中得知，你丈夫确实是个混蛋，我只是有点好奇，你当初为什么还要嫁给一个混蛋呢？"

董羽整个人僵住了，她没想到我会问这样一个问题，她停了好一会儿，然后悠悠地说："以前，他不是这样的。他是一个贫寒家庭出身的孩子，完全靠自己的努力从一所重点大学毕业，进入人人都羡慕的企业工作，没有靠任何背景，都是自己一步一个脚印、踏踏实实争取来的，这是我非常欣赏的一点。那时他没什么钱，打工挣来的钱基本上都会用来买书，别的同学去玩、去吃吃喝喝的时候，他却勤奋地学习着专业知识。记得有一年暑假，非常炎热，他和几个同学被选上做一个项目，其他同学都不愿意跑工地，他却每天都坚持，测量、改报告、查看进度，一个假期下来都快变黑炭了，整个人也瘦了一圈。后来这个项目还获了奖，若没有他的认真，怎么可能做得下来？我看中他的踏实，觉得他是一个可靠的人。"说到这里，董羽的语气开始渐渐变得温柔起来。

"他虽然不善言辞，但他很细心。我很少听他说什么甜言蜜语，但是他却很关心我。他从来不会对我发脾气，知道我喜欢什么，生病时把我照顾得无微不至。"说到这里，董羽的眼泪又流出来了，"团长，我真不知道他为什么变成了今天这样！"

"嗯，你的意思是，在结婚之前，你丈夫曾经是一个很好的人，你嫁给他之后，他就慢慢变成了今天这样，是吗？"我把她的话进行了一个总结。

"嗯嗯，是的。越来越冷漠，越来越疏远，越来越不关心我！"董羽连连点头。

"你做了什么，让他变成了今天这样呢？"我问。

"团长，你是说我把他变成这样的？"董羽的眼睛瞪得很大，直直地盯着我，我知道，她无法接受这样的责任，为了给她一个空间，我决定重复问一次。

"我没有这样说。我想再向你核对一下，看是不是你的意思。你说在结婚之前，你丈夫是一个很好的人，对吗？"

"对。"

"你们结婚后，你丈夫就慢慢变成了今天这样，对吗？"

"对。"

"你做了什么，让你丈夫变成了这样呢？"

这一次，董羽没有马上反驳，而是沉默了好长一段时间，然后用充满疑惑的眼神看着我，好像刚刚睡醒一样。她对我说："团长，我听懂了，你还是说这是我的责任。这怎么可能呢？我为他付出了那么多，他却跟另一个女人在一起，这怎么可能是我的错？"

当局者迷，旁观者清。我决定用萨提亚的雕塑手法，让董羽从一个抽离的角度看看自己的婚姻。于是，我让她从学员中选一位女士代表她自己，选一位男士代表她的丈夫，我请她的角色扮演者左手叉腰，右手指向她丈夫，摆出一个"指责"的应对姿态；而她丈夫的角色扮演者对他太太单腿跪下，左手放在胸口，右手掌心向上伸出，头部微微向上抬，看着他的太太，摆出一个"讨好"的应对姿态。

然后问董羽："结婚后，你们大概是这样相处的吗？"

"是这样吗？"一开始，当着这么多学员的面，她不太愿意承认这个画面，"不过，我好像是有点强势，这都是为了他好啊！如果不是我在背后不断鞭策他，他哪有今天的成就？"

个案做到现在，我相信现场的学员都明白是怎么回事了，就算各位读者不在现场，我相信你们也知道了大概。我把个案继续做下去。

我开始让董羽的角色扮演者模仿她的语气，用手指着那位扮演丈夫的男学员说：

"你穿得土里土气的，怎么见人？一点品位都没有，我带你去买衣服。"

"你话都不会说，整天只知道搞技术，带你去见朋友简直让我丢脸！"

"我父亲为有你这样的女婿感到羞耻，一点文学素养都没有，平时要多读点文学方面的书！"

"你只会去那些又脏又乱的大排档，没有一个上档次的朋友，怎么做生意？"

"我这都是为你好！"

"你……"

我让这位学员把她前面抱怨过的话一连串地说了出来，然后指着角色扮演者问董羽："你觉得这个董羽怎么样？"

"好像是有点过分。"董羽有点不好意思地说。

我转向那位扮演她丈夫的男学员，问他："你觉得怎么样？"

"很压抑，同时又很无奈，她确实让我进步了，可是，这种感觉很不好受。"这位男学员已经进入角色了，很诚实地呈现了一个男人会有的感受。

我从学员中挑选了一位女同学，邀请她来到讲台上，站在这位男学员的视野之内，请她面带微笑地向他招手，用夸张的语调对他喊："哇！你好帅！""你好成功！""你好儒雅！""你好有水平！""我崇拜你！""我好喜欢你！"

"你诚实地回答我，此时你有什么感觉？"我再次问那位男学员。

"我感到一股强大的力量吸引我向那边走去，我想逃离这个地方。"其实不用我问，从他的眼神能够看到这个答案。

我转身回到董羽这边，诚恳地问她："看到刚刚这一幕，你有什么感受？"

"好像是我的问题，是我把他推走的。"眼泪再次从她的眼中涌出，这次不再是刚才带有委屈和怨恨的泪水，或许是内疚和悔恨的眼泪。我知道，她已经开始觉察了。时候到了，我温柔地问她："我想，你曾经和丈夫有过一段美好的时光，对吗？还记得那时的你是如何对他的吗？"

"是的，我们曾经有过一段很美好的时光，那时他英俊、勤奋又有才华，虽然有不少缺点，虽然我父母看不起他，但我欣赏他的能力、他的品格。当所有人都不看好他的时候，我坚持和他站在一起。在我父母阻挠我们在一起的时候，他觉得自己配不上我，怕耽误了我，那时他想要分手。是我给他勇气，告诉他我不会看错人，他一定会成功，我信任他。这段感情，一直是我在给他很多的勇气。"

"嗯，很好。当年的你，肯定你的丈夫，欣赏他、爱他，给他勇气。那结婚后呢？是否仍然这样做？"

董羽听我这么问，一下子沉默了，许久无言。

"我明白了，团长……"董羽慢慢抬起头，眼泪无声地流了出来，"婚后，我对他有太多的期待了。我希望他变得更好，快快出人头地，快快达到我希望的水平。但是，我真的是为他好，我不希望别人看不起他。"

"是的，你是为了他好，你的动机是好的。我想你丈夫一定也明白这一点，所以他不是也在努力配合你吗？如果他没有配合你，他现在怎么可能成为你期望的样子呢？"

"可是他不爱我了……"

"董羽，你做了什么，让你丈夫不再爱你了？"我再次抛出这个已经问了两次的问题。

"我指责他，没有给他面子，他感到不被尊重，家里没有温暖。这是他经常对我说的，以前我总是觉得这是为他好，看了这个'雕塑'，我知道他也不好受。"

"是的，你确实是为他好，你有一颗善良的心，可是，一个男人总是被自己的妻子否定、抱怨和指责，他会有什么感觉呢？这些年究竟是他变了，还是你变了？是他变了你才变，还是你变了他才变？不管是他变了还是你变了，重要的是，你从这段关系中可以学到什么呢？"

我问了董羽一个相当复杂的米尔顿式问题。她沉默不语，这样的问题其实并不需要回答，只是让对方进入潜意识，进行深层次的思考和觉察就够了。等她有了足够的思考之后，我知道是时候结束了。

"董羽，那个女人你认识吗？"

"认识，是我丈夫的一个下属。"

"你对你丈夫的态度，和她对你丈夫的态度有什么不一样吗？"

"她不仅是我丈夫的下属，还算是他的学妹，她对我丈夫一直充满了敬仰之情，甚至可以说是崇拜。"

"敬仰、崇拜，也就是说，她非常欣赏你丈夫，对吗？"

"对。"

"你知道，欣赏、肯定这些行为在一个人的情感银行中都是存款，而指责、抱怨、否定却是在取款。你一直在丈夫的情感银行中取款，取了那么多年，可能早已掏空的时候，有个人开始给他存款。如果你是他，你会怎么做呢？"

"团长，不用说了，我知道了……"说着，董羽将头埋进手中，哭了起来。

我知道她真的知道了！董羽和她丈夫的故事让我唏嘘，这样的故事，又何止发生在董羽身上呢？在他们刚结婚的时候，两人在彼此的情感银行中都有很多存款。但是随着时间的流逝，董羽忽视了持续"存钱"，只是一味地支取。当存款所剩无几的时候，另一个人却一直在她丈夫那里存款，最后他会选择谁，一目了然。

这个故事也让我想到，夫妻之间需要存款，朋友之间需要存款，同事之间需要存款，那么父母与子女之间是否需要存款呢？当然需要。虽然大家常说"血浓于水"，但是父母和子女之间其实也存在一个情感银行，这个银行中存款的多少也遵循同样的原则。

孩子为什么亲近爸爸却疏远妈妈

"爸爸，爸爸，你要去哪里？"小天看着爸爸拖着行李箱，突然感到一阵不安，跑到爸爸身边一把抱住他的腿，用可怜巴巴的眼神望着他。

"小天过来，爸爸要出差，快赶不上飞机了。"妈妈张丽走过去想要把小天拉开。

"我不要爸爸出差，爸爸出差谁送我上学？谁陪我吃饭？谁给我讲故事？"

"小天，乖，爸爸只去几天，很快回来。"小天爸爸李勇轻轻拍着小天的头说，"妈妈会陪你的。"

小天怯怯地望了张丽一眼，又转过头对李勇说："我要爸爸陪。"

张丽听儿子这么说，有点生气，走上去拉开小天，说："爸爸要迟到了，你怎么那么不懂事。"

看着妈妈一脸怒色，小天极不情愿地松开了手，垂头丧气地走回卧室。

李勇走后，张丽回房间看小天，只见他抱着玩具熊正哭得来劲儿。

都说孩子和妈妈亲，但是在张丽家却不是这样，儿子似乎和爸爸感情更好。有时候张丽看着他们父子俩亲亲热热的样子，还有点嫉妒，但是她没办法像丈夫那样细致地照顾孩子。张丽是一个典型的女强人，管理着一家拥有几百人的企业，每天事务繁多，她一年中几乎有半年的时间都在各地出差。而丈夫李勇从事的工作比较简单，朝九晚五，所以孩子小天基本由丈夫照顾。

张丽回想起，前几年小天还比较小的时候，只要自己出差，小天也是这样抱住她不让她走，有时候还会撕心裂肺地大哭大闹。时间久了，小天似乎渐渐习惯。张丽出差时，小天最多和她说声再见，有时候甚至完全不在意。张丽一直以为是小天长大了，懂事了，可今天看到丈夫离开时小天的表现，张丽突然意识到——小天还是一个孩子，但是因为自己对他照顾太少，他的内心已经和父亲更亲近了。

想到这里，张丽一阵心酸。她走进小天卧室，想要安慰他一下。看见妈妈走进来，小天立即不哭了，有点害怕地看着她。

"小天，妈妈今天带你去吃饭。你想吃什么啊？"张丽温柔地对小天说。

"肯德基！"

"不要吃这些东西，没营养！"张丽有点生气，"妈妈带你去吃别的好吗？"

"不吃！爸爸都会带我去吃肯德基！如果爸爸在，一定会带我去吃！"

听到这里张丽更生气，觉得丈夫惯坏了孩子，心想趁着这几天李勇不在，好好改变一下孩子的生活习惯。张丽对小天说："小天听话！那些东西没营养。"

"不嘛，我要吃！"说着小天又哭起来，一边哭，一边喊爸爸。

张丽无奈，只好答应了小天的要求。

吃完肯德基，张丽带着小天玩了一整天。回到家中的时候，张丽觉得自己累得不行了，原来带孩子玩是这么累的事情。好不容易哄小天洗完澡上床睡觉，秘书突然打来电话，说公司出了点事情，张丽不得不打电话联系几位负责人了解事情经过。这时，小天走过来要张丽讲故事给他听，张丽不耐烦地对小天说："妈妈忙，今晚不讲了，小天自己去睡。"说完就开始处理工作，完全没时间顾及小天。

三天后，李勇回到家里，儿子小天一看到爸爸就扑上去说："爸爸，你终于回来了！我好想你！"

看到丈夫回来，张丽对丈夫说："你怎么总是带小天吃肯德基，没有营养。"

"小天是喜欢吃肯德基，不过只要给他讲讲道理他就不吃了。每次他吵着要吃，我就安慰他一下，他很懂事，就不会吵了。"

咦？不对啊。张丽想，那天我也给小天讲了道理，他还是大吵大闹，为什么小天不听我的话？

"这几天小天睡觉应该挺乖吧？"李勇问。

"挺乖的，除了第一天晚上让我讲故事，之后都没有了。"

李勇看着张丽，犹豫了一下说："我这几天晚上都打电话给他讲故事，不然他不肯睡觉。"

听丈夫这么说，张丽才恍然大悟，原来丈夫即便不在儿子身边，也尽量想办法陪伴儿子，而自己就陪在儿子身边，却似乎离他很远，难怪儿子亲近丈夫而疏远自己。想到这里，张丽心中不免有些内疚。

在大多数家庭中，孩子和母亲更加亲近，尤其是孩子还比较小的时候。不仅仅是因为母亲生育了孩子，还因为在大多数家庭中，母亲对孩子的照顾往往比父亲多。但是从张丽家的情况我们可以看出，父亲对孩子照顾更多，父亲在孩子情感银行中的存款比母亲多，孩子更加亲近父亲。

　　情感银行是我们与生俱来的一种评价关系的方式，甚至在某些动物身上我们也可以看到。我家养了一只小狗，平时忙于工作，比较少照顾它，它的生活基本上是由我家保姆负责，所以现在小狗和保姆特别亲近，对我反而没有那么亲。

　　连动物都如此，何况人？

父母与子女之间，也存在一个"情感银行"。

05

/

关系的秘密

情感银行与人际关系

通过前面几个故事和对情感银行概念的分析和讲解，大家应该已经明白"情感银行"对我们的人际关系有多么重要。

当我们明白了"情感银行"这个概念之后，我想有关关系的一系列问题都会迎刃而解：

·为什么恋爱时双方的关系那么好？

因为恋爱期间，恋人们时时刻刻都在对方的情感账号上存款，不断给予对方赞美、肯定、关爱和帮助。

·为什么结婚后双方的关系会变差？

因为婚后大多数夫妻都忘了存款，开始挑剔、批评、指责……这些行为让账户不断透支，直至破产，关系当然会破裂。

·为什么在孩子小时候父母与孩子的关系都很好，一旦孩子上小学，亲子关系就开始慢慢变差？

因为幼儿园阶段没有考试、没有比较，父母在这个阶段一直都在肯定自己的孩子，不断在孩子情感账户上存钱。而一旦孩子上了小学，有了考试，就有了比较，大多数父母从这个阶段开始对孩子批评、指责，肯定和赞美开始大幅减少，情感账户中的存款也慢慢减少，甚至开始透支，于是孩子的心门开始对父母关闭。

·为什么合作伙伴一开始感情很好，可是一段时间之后却分道扬镳，有些甚至反目成仇？

因为合作之初，相互欣赏、相互鼓励、相互支持，双方都在对方的情感账户中存款，可是随着合作时间变长，对双方的长处和优点熟视无睹，而缺点和不同开始慢慢呈现，于是双方开始相互指责、相互批评，甚至嘲讽……最后情感透支，一段关系又怎能不破灭？

·一个好不容易花重金挖来的人才，一段时间之后为什么却黯然离职？

因为当你要挖一个人才的时候，为了得到他，你一定说尽好话，看到的全是对方的优点，不断给予赞美和肯定。可是一旦进入公司工作一段时间之后，你会看到他的另一面，于是你开始了批评、指责……当情感银行的存款耗尽之日，便是他黯然离开之时。

你可以一直问下去，只要是关系方面的问题，在情感银行这个隐喻上，都可以得到让你豁然开朗的答案。

在银行账户中不断存款的人，财富会越来越富足，物质生活会越来越富有；擅长在情感银行中存钱的人，能够将生活中各种关系经营得当，人际关系会越来越和谐，精神生活会越来越丰富，而不擅长"存钱"的人，人生的各种关系会变得一塌糊涂。

在情感银行中存钱表面上看起来并不难，有时是一句鼓励，一些体贴、赞美、支持就能在对方的情感账户中存"一大笔款"。当然，你需要知道对方想要什么，在什么时间存进去最合适，才能在人际关系上如鱼得水。

可是，为什么现实中的关系破裂比比皆是——恩爱夫妻反目成仇，手足兄弟分道扬镳，就算是血浓于水的亲人也会对簿公堂？如果在情感银行存款那么容易，这些问题都不应该存在才对。

情感存款其实与在银行里存现金一样，都不是一件容易的事。两者都有一个共同的前提，就是你得先有"钱"，才能把"钱"存到某个账户上。如果你根本就没有，用什么去存款？

要存钱到银行，我们得先挣到钱，这个道理谁都明白。可是，要在别人的情感银行里存钱，我们情感银行里的钱又从何而来呢？

心理营养

看完以上内容，想必你已经很清楚在他人情感银行中存钱的好处了。既然好处那么多，是不是知道这些道理的人就一定会去"存钱"呢？

其实并非如此。知道了这个道理，仍然还是有很多人做不到。为什么？一个人如果从小到大都没有得到过别人的欣赏、鼓励、赞美、支持和关怀，或者曾经得到过，但是在成长过程中常常受到批评、指责、嘲笑、攻击、谩骂，那么他的情感账户上一定是赤字。

一个人永远给不了他自己都没有的东西！

就像一个人自己都没有钱，他拿什么去给别人存钱呢？有些人并非不想给别人的情感银行存钱，而是他自己两手空空，没有办法存钱。这种匮乏的状态，其实是一种"心理营养的缺乏"。

萨提亚专家林文采博士提出了"心理营养"这个概念。一个人身体的成长需要各种营养，如维生素、蛋白质、矿物元素等，而一个人精神的成长也需要营养，这种精神的营养就是心理营养。心理营养是滋养人际关系的重要元素，当你觉察到人际关系出了状况，可以看看彼此处在哪一层次的沟通中，彼此需要怎样的心理营养。心理营养可以直接滋养每个人内心深处的渴望：被爱、被关注、被肯定、被欣赏、安全、自由、联结等。孩子在成长过程中，如果从来得不到父母无条件地接纳、爱、肯定、关注等，他的心理营养一定是匮乏的。心理营养匮乏的人，很难给予别人关爱、支持、欣赏。由于不会存钱，他们的婚姻可能出现问题，企业管理可能会出现问题。就像程东，他经历了两次婚姻失败，企业也留不住员工，他从来没有得到过足够的心理营养，也难以滋养别人。

希望通过这一章的学习，各位读者能够开始重视"情感银行"，并且能够将当年缺失的心理营养补回来，学会在自己和别人的情感银行中恰当地"存钱"。当你掌握了这个技能之后，你的婚姻、工作、家庭及人际关系一定会有所改善。

学习心理学，其实就是为了让自己的心灵富足起来。这也是改写命运的最好方法。也许在你小的时候，父母忽视了给你足够的"心理营养"，也没必要再责怪父母，第一，他们当年一定不知道这个道理，如果知道，我想没有父母会吝惜给孩子这些"营养"；第二，大多数父母也想给孩子他们认为最好的东西，可能他们以为否定和责怪是一种好的方式；第三，萨提亚说过，"一个人在25岁之后，就要开始做自己的父母。"如果父母当年没有给我们足够的心理营养，我们可以自己帮助自己，让心灵丰富起来。

至于如何让自己的心灵丰富起来，需要非常多的篇章才能讲清楚，而仅仅看书，没有情感的参与，作用非常有限。我真诚建议你走进一些好的心理学课堂，去弥补自己的某些缺失，让自己成为一个心灵丰富的人。当你的心灵丰富起来的时候，你也会善待自己的孩子，给予他们足够的心理营养，终结家族心理营养匮乏的历史。

第五章

冰山原理

01

/

了解人心最深的渴望

上一章我们讲了"情感银行"，大家应该已经明白"情感银行"对我们的人际关系有多么重要。当我们明白了"情感银行"这个概念之后，很多人与人之间的问题就会迎刃而解。

但是情感银行只是人际关系的润滑剂，需要长时间的前期储蓄才能在关键时刻起作用，有些人因为自身成长经历，也很难为别人存款。要知道，这世上还有很多情况，等不及我们慢慢去存款。有没有一种方式，可以迅速拉近两个人的距离呢？

很多人都觉得与别人打交道是一件不容易的事情，所以俗语才有"知人知面不知心"的说法。

你有没有觉得在职场上，有人似乎没有更加过硬的本事，但就是如鱼得水，上至领导，下至保洁阿姨，人见人爱，升职加薪总有他。他似乎并没有比你努力更多，为什么人人都喜欢他呢？

有时在商场买东西，有的销售员推销之后，客户不想再碰这个商品，可是如果换一个销售员，客户可能开开心心地埋单，还要不停地感谢。同样的东西，为什么有这么不同的效果？优秀的销售员到底做了什么？

有男士说"女人心，海底针"，很多男士常常不知道自己的太太到底在想些什么，似乎总是一言不合就把陈年往事都搬出来，明明一点鸡毛蒜皮的事情，却能吵到十年、八年之前的事情上，吵一架就像一场灾难般的战争，两败俱伤。吵到最后，丈夫也不明白太太到底为什么发那么大脾气。难道真是太太无理取闹吗？

有人说，这世上最难把控的因素就是"人"这个因素。为什么"人"这个因素这么难以把控？因为，很多人根本不了解"人"。

我想大部分人根本不知道"人"还有一本说明书。因为不知道这本说明书，所以很多人的人际关系、家庭生活都不如意。你想拿到一本"人"的说明书吗？帮助你快速地了解一个人——你不需要提前在这个人的情感银行中存款，不需要对他有多了解，即使刚刚认识，这本说明书也能帮助你很快与他人建立起一个良好的关系。

这本说明书的名字就叫《冰山原理》，是 NLP 中一个非常重要的工具，这个工具可以让你明白为什么人们会有某种情绪或者行为，明白别人真实的需求是什么，明白一个人心灵深处的渴望是什么。若你能运用得好这个工具，你很可能会成为一个谈判大师、管理大师、婚姻家庭关系大师……

> 为什么"人"这个因素这么难以把控？因为，很多人根本不了解"人"。

这个工具并不难了解，通过下面几个小故事，你就能对"冰山原理"有一个比较好的把控。

将不可能的谈判变成可能

"爸爸，你这次要走几天？"女儿看见我又在收拾行李，跑来拉着我的衣袖问我。

"这次是四天。"我摸摸她的头说。

"这么久啊！"看到她失落的眼神，我的心又开始作痛。

我喜欢我的工作，因为我的工作是一份助人的事业，每一次看到学员们因为我的课程而受益，看到他们愁容满面地开始第一天的课程，容光焕发、笑逐颜开地结束最后一天的课程，我的内心就非常满足。

然而，这份让我满足的工作，却有一个让我十分痛苦的部分——要时常出差，离开家人。因为课程一般要在一个比较大的酒店进行好几天，为了保证休息，我不太可能每天回家，只有住在酒店，所以上课也就意味着和家人分别。尤其是每次和女儿的分别，让我特别难受。因为自己学习心理学，所以我比很多人更清楚在孩子成长过程中，父母的陪伴有多重要，但是工作的特殊性又让我不得不经常出差。每次收拾行李时看到女儿依依不舍的眼神，我的心都隐隐作痛。

要是可以在家附近讲课就好了。我时常这么想。

其实也并非不可能，我家附近就有一个五星级酒店，酒店是一个很大的社区群，除了酒店，还有别墅、公寓、商店等，整个社区环境非常优美，有山有水。如果能在这里讲课，可以说是一件十分完美的事情——环境满足课程的要求，而且离我家距离不到 10 分钟，我可以上完课就回家，再也不用面对经常和家人分别的痛苦。

但是我的这个心愿，却一直没有实现。最大的困难就是，这家酒店会议室的租赁费用很高，我们一直在尝试和酒店谈判，想拿到一个优惠的价格，可是几轮谈判下来，都没有达到满意的结果。

"团长，酒店还是不同意给我们优惠价。"一上班，行政经理就来到我办公室，向我汇报了昨天谈判的结果。她沮丧地说："昨天和他们谈了一下午，我想尽了各种办法让他们给我们打折，提了三个方案他们都不同意。"

"一点儿可能性都没有吗？"

"没有可能性啊，团长。谈了这么长时间了，酒店态度还是很强硬。要不我们联系其他酒店吧？很多酒店想和我们合作呢。"

确实有不少酒店愿意与我们合作，但是为什么我执意希望和这家酒店合作呢？我不愿意和家人分开是一个重要的原因，还有一点，酒店的环境非常好，依山傍水，空气清新，学员们上课往往要上一整天，中途休息时可以外出走走，放松一下，消除学习带来的疲倦；而且酒店地理位置也不错，离广州市区的车程并不远，方便同学和老师上课。我们与这家酒店合作过一些大型会议，他们的硬件设备、员工服务态度都让我们感到满意，如果能够长期合作下去，对我们来说非常有利。

在我的信念中，没有"不可能"的谈判，只有暂时没有找到突破口的谈判。

我想了想，对行政经理说："我们一定可以谈下来。"

行政经理一脸惊讶地看着我，吞吞吐吐地说："团长，我建议还是别浪费时间了，谈了好几个月了……"

是的，谈了好几个月了，我并非不识时务的人，如果确实不可能，我也不会非要和现实作对。但是，这几个月中，我其实一直在观察酒店，也在思考，功夫不负有心人，我发现了一个和酒店谈判的极佳突破口。

我对经理说："下午帮我再约一下酒店的总经理，我想亲自和他谈谈，如果还是不行，我们再换别的酒店。"

下午见面之后，酒店总经理开门见山地对我说："团长，会议室的价格是集团规定的，我们真的没办法给你打折了。"

我说："我不是来要求你给我打折的，我其实想来与你合作。"

一听"合作"，总经理似乎有了兴趣，他将身体微微前倾，想要听我怎么说。

于是我将想法告诉了他，听完之后，他连连点头，认为我说得很有道理，最后他对我说："团长，会议室的价格确实不是我们可以决定的。但是听你这么说，我觉得非常有道理。我愿意专门向集团请示，给你们一个低折扣的会议室价格。如果申请到了，我会立即联系你。"

不久之后，我就接到酒店经理的好消息，我们能用一个令人满意的低价租到酒店的会议室了。

我和这位总经理到底谈了什么？让他突然同意了我们的折扣要求呢？在揭开谜底之前，我也希望你能够回想一下，生活中有哪些"谈判"的场景，你一直努力想要和对方达成某项协议，或者非常努力想要对方同意你的要求，但是对方却像铁板一块，无论你怎么努力都找不到突破口。或者你有没有见过那些"讨价还价"的情景，两个人都剑拔弩张，谁都不愿意在价格上退让一步，买东西的人买不到想要的，卖东西的人也销售不出自己的商品。就因为价格谈不拢，造成双输的局面。

谈判前的某天清晨，跑完步，我约了一个朋友在酒店喝早茶，早茶后，我们一起在酒店附近散步。酒店的林荫下晨风徐徐，十分惬意，一路上都能听到清脆的鸟鸣。我正沉浸在这份安静、温暖中，朋友突然对我说："这个酒店怎么那么荒凉？"

荒凉？我望了望四周，确实，我们在酒店小路上走了几十分钟，似乎只看到一个保安员无聊地坐在保安亭里发呆，还真没遇到其他人。

我喜欢这个酒店，最主要的原因就是它非常安静，平时人很少。我常常约朋友来这里吃饭，因为就餐客人少——早上喝茶的时候，偌大的一间餐厅，只有我和朋友这一桌人，整个餐厅的服务生似乎都在为我们服务。我当时还有点替酒店心痛，装修奢侈豪华，仅大厅中央那一盏华丽的水晶吊灯每天都要费不少电，更别说还要支付服务员、厨师、接待人员的工资和设备折旧。每一张餐桌上都有一个小花瓶，每天都要换一支鲜花，这些小细节都是一家五星级酒店的标配，但是这些高档的配置却常常被白白浪费掉——因为鲜有人消费。

想到这里，我心里感叹了一下。几年前，这家酒店其实非常热闹，每天人来人往，有很多旅行团入住，很多大型会议在这里举行，在旺季的时候常常一房难求，若想在这里的餐厅吃饭，必须要提前预订。可是近几年，由于国内外旅游市场的影响，整个酒店行业都受到了巨大的冲击，这家酒店的经营也越来越惨淡，客人越来越少。如果作为游客，我当然喜欢这样的酒店——一个安静而舒适的空旷度假公园；但我也是一个公司的经营者，我会不由自主地站在老板的角度去考虑问题。如果我是酒店的老板，看到自己的房产白白折旧，看到设备白白损耗，看到酒店的花园、小径、树木生长茂盛却无人欣赏，看到偌大的餐厅灯火辉煌，员工个个着装整齐，却没有客人光顾，该是多么心痛和焦急。

我突然想到，不就是和酒店谈判的绝佳时机吗？他们一直不愿意将会议室低价租给我们，如果此时我换一种谈判方式呢？过去我们一直在争取折扣上费工夫，没有考虑到酒店真实的需求，这样当然谈不下来。酒店的需求是什么？无非就是希望有更多客人来消费，如果我们能帮酒店解决这个问题，他们怎会不肯提供更优惠的会议室呢？

见到酒店总经理后，我先告诉他我不是来和他讨价还价的，我想与他合作。因为是"合作"，所以他对我的戒备之心也就减少了。然后我对他说出了我的看法："我是你们的顾客，常常来你们酒店吃饭、散步什么的。曾经你们这里非常兴旺，想吃饭必须要预订，我有亲戚朋友过来想住酒店，还经常订不到房。"

"唉，前几年是这样。别说您了，我们自己的员工想预订房间，遇到旺季的时候都可能订不到。"

"可是这几年，说了您别生气，我越来越喜欢在你们酒店散步了，因为这里的环境越来越好，人少了，鸟儿好像都多了，空气也更清新，关键是特别安静，很适合作家写书或者画家写生。不过从经营者的角度来看，我看着你们这么多设备、房间白白折旧，看着你们每天还要投入这么多费用在人工、水电、维护运营上面，我真是有点心痛，感觉很多钱都浪费掉了。"

"哎，团长，看到这样的情况，作为一个外人的您都会心痛，我们自己何尝不是呢！我们也很着急啊，可是现在整体市场环境都是如此，我们着急也没办法。"

"所以我才说想要与你们合作嘛！"

"怎么合作呢？"总经理急切地看着我。

"我们每年都有很多课程要举办，几乎每个月都有，每年还有一场大型的年会。只要有课程，不仅仅是我们主办方要用到你们的会议室，还会有不少学员直接住在酒店里。在你们酒店住宿，肯定还会就餐吧，除了就餐，有些学员可能还会有其他的消费，如和同学聚会什么的。虽然我们只用到了你们的会议室，但是我们带来的学员可不仅仅使用你们的会议室。多的不敢说，只要我们每一次课程都在你这里举办，一年至少能保证你们有 500 万元的营业收入。"

我看见总经理默默点头，继续说："如果没有顾客来消费，你们每天的经营费用还是固定的，每天折旧也是固定的。如果一年至少保证有 500 万元的营业收入，至少能抵销你们的费用摊销，这不是一件好事情吗？"

"对对，团长您说得很有道理。"

"所以，如果我们合作，我能带给你们的就是每年 500 万元营业收入的保证，而我们，只是希望能够用一个相对较低的价格租用你们的会议室。"

我如此给酒店总经理分析一番，并且提出我们的解决方案之后，总经理怎会有不答应我们请求的道理？

其实我们和酒店的谈判从开始到最后都只有一个目的，就是以较低价格租赁酒店的会议室，但是为什么之前都不奏效呢？

因为之前我们把焦点都放在"价格"上面了，根本没有发现酒店方的需求。谈判的原则就是——要发现对方的需求，同时想办法满足对方的需求，在满足对方需求的同时，邀请他们满足我们的需求，这其实是 NLP 中"冰山原理"的道理之一。如果只在价格方面纠缠，我们只能在行为或者观念这两个影响比较小的层面费尽心机，尤其在商业谈判中，如果希望谈判顺利进行，达到双方预期的效果，就必须要从更高层面——需求层面入手。

在谈判过程中，我也用到了角色转换的方法，体验对方的情感。如果我只把自己当作客户，我的关注点可能永远只会放在价格上，但是当我站在酒店经营者的角度去思考问题的时候，很快就能发现经营者的需求。而谈判最关键的就是要发现对方的需求。

"冰山原理"当然不仅仅能用在谈判中，运用这个原理在情感关系中，看到别人真实的内心需求，也会让你的情感关系提升一个层次。

02

/

什么是冰山原理

　　"冰山原理"是萨提亚体系中的一个概念，萨提亚女士将人的"自我"比喻成一座漂浮在水面上的巨大冰山，能够被外界看到的行为表现或应对方式只是露在水面上很小的一部分；在水面之下更大的山体则是长期压抑并被我们忽略的"内在"。揭开冰山的秘密，我们会看到生命中的渴望、期待、观点和感受，看到真正的自我。

　　当我们和他人打交道的时候，往往只能看到他人的行为，听到他人的话语，有些敏感的人或许还能感受到他人的情绪，我们根据这些外部的信息推测对方的想法。但仅仅只是推测，甚至很多时候根本无法推测，尤其是当自己也陷入情绪中的时候，这也是为什么很多人觉得与他人相处很难，很多人常常陷入"对与错"的争论中。萨提亚运用冰山原理，使人们有机会看见彼此的视角、彼此的感受、彼此的期待。

　　这里，我们先来看看萨提亚的冰山原理是什么。萨提亚将个人内在冰山分成七个层次：行为、应对方式、感受、观点、期待、渴望、自我（见图5-1）。

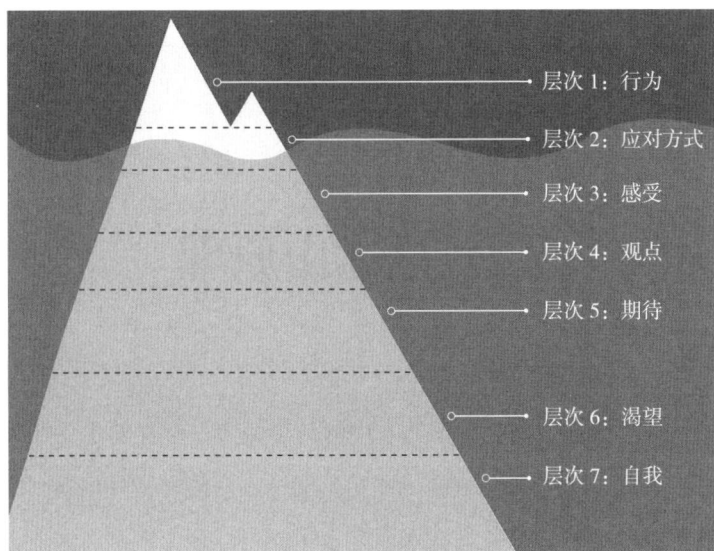

图 5-1　个人内在冰山

层次 1：行为

行为位于冰山的顶端，是我们通过五官可以直接接收到的部分，是来自他人和环境的信息。如一个人在愤怒地叫骂，一个人在开心地数钱，一个人在静静地读书，等等。行为是我们最容易看见的部分，也是最容易出错的部分。

我记得曾经有一个引起全国关注的网络视频，视频中一个男司机从一辆红色汽车上拖下一个女司机，将她暴打了一顿。第一天新闻报道说，女司机被暴打至骨折、脑震荡，身上多处瘀青。女司机对记者说："他把我从车里拖出来，一个字都没说，动手就打。"视频一经播出，舆论都在讨伐男司机，很多人的评论都是——"这个男人太可恶了，男人打女人就是不对，人渣……"但是不久之后，这个事件居然出现了反转——男司机行车记录仪记录下女司机超车、变道、多次逼停男司机的证据，差点造成男司机撞车，女司机还多次辱骂男司机——舆论的愤怒从男司机身上转到了女司机身上，很多人竟然感觉很解气。事件发酵几天以后，有网站做过一个调查，竟然有不少人支持男司机的打人行为。

我在这里姑且不对这个事件做任何评价，只说说"行为"这个问题。为什么视频第一天播出来的时候，大众都讨伐男司机？因为大家最初都没有了解事件全貌，只看到了男司机的行为。最初讨伐男司机甚至评判男司机是"人渣"的人，后来有不少人转为支持男司机。这个事件充分说明，很多人都会从一个人的行为去判断这个人，行为显而易见，却很容易出错。

层次 2：应对方式

我们对外在处境如何回应或反应，就是我们的应对方式。

萨提亚认为，人们往往有四种应对方式。

第一种是讨好。有这种应对方式的人总是感觉自己不好，或者一旦出了问题都是自己的错，对别人和颜悦色，希望让每一个人都对自己满意，也常常会牺牲自我价值；讨好的人总是会对自己说："这是我的错""我不值一提""我不能生气"，等等。

第二种是责备。采用这种应对方式的人刚好和采用"讨好"应对方式的人相反，他们强烈维护自己的权益，为了保护自己，可能变得充满攻击性和暴力，会将自己的态度表现出来，甚至不断挑剔苛责别人；采用责备这种应对方式的人可能常常会对自己说："我绝不能让别人觉得我好欺负或者软弱"。

第三种是超理智。超理智的人很少会碰触情感部分，他们会通过引经据典、罗列数据证明自己的观点正确。超理智的人往往比较沉闷，不通人情，给别人的感觉可能比较冷漠；因为很少触碰自己的情感，所以他对别人的情感也不敏锐；采用超理智这种应对方式的人可能常对自己说："一个人必须冷静、镇定""讲话要有客观依据，事实胜于雄辩""情绪化是不对的"，等等。

第四种是打岔。打岔的人和超理智的人正好相反，他们的想法不断变换，很希望能够在同一时间做无数的事情；打岔的人给人的感觉总是快乐和乐观，很讨人喜欢，因为他们的出现会打破很多僵持或者不愉快的状况，他们就像一个群体中的开心果；但是他们很难将注意力集中在某一个严肃的话题上，他们可能很富有创造性、有趣，会用很多方式吸引别人的注意力；他们可能常常对自己说："没有人会关心这个。"

老板把一个员工叫进办公室，因为在最近的一次考核中，他没有完成销售业绩。

老板生气又失望地说："怎么搞的，你一直都做得很不错，上个季度是怎么回事？什么地方出问题了？"

讨好型应对方式的人会说："老板，对不起，是我没有做好工作……"他完全不为自己争辩，哪怕这次业绩没有完成的根本原因并不在他这里，也许是被别的部门拖累，但是他一旦面对批评，就将所有责任揽到自己身上。

责备型应对方式的人会说："老板，你这样问，我会觉得很惊讶，因为你知道我已经非常拼命了，客户太难啃，一时要降价，一时要提前供货……这你都知道啊！"他们会保护自己的利益，挑剔别人的问题。

超理智型应对方式的人会说："整个情况是这样的，在过去的几个月中，整体市场份额下降了 10 个百分点，同时竞争对手推出了非常有优势的新产品，所以，销售业绩没有下降就不错了。接下来，我们需要公司给予更大的支持力度，如市场部做一些促销活动……"
他会客观分析情况，不带感情色彩地去分析现状。

打岔型应对方式的人会说："哦，是。老板您说得对，是！以后
一定注意。"然后转身出门时，吹起了口哨……

层次 3：感受

感受是普遍的人的情感经验，如爱、生气、害怕、轻视、疼惜
和嫉妒等。引发这些感受的因素则因人、家庭或文化而异。

感受常常强烈地依赖过去的经验基础。即便我们此刻的感受是
由当前的事件激发出来的，我们也常常会根据自己长期积累的感受
作出反应。我们的反应性感受是建立在期望和观点基础之上的，而
它又与自我价值和自尊密切相关。

当我们体验到某种特别的感受，如生气或者嫉妒，通常会根据
自己学到的社会规则是否接纳这种感受而作出反应，同时也会影响
自我接纳。我们也许被教导生气是不好的，所以在生气时，会认为
自己不应该有这种感受，这种想法进而产生另一种感受，如对原有
感受感到羞愧。

还记得我们在"人生模式"这一章中提到过的 ABC 理论吗？心
理学家埃利斯提出的 ABC 理论认为，不同的人对于不同事件会有不
同的情绪反应和行为反应，并非事件本身引起了这种反应，而是人
对这个事件（A）的不同看法（B）导致了不同的反应（C）。很多人
以为，是事件引发了一个人的情绪和行为，但是 ABC 理论却认为，
事件只是激发了我们的信念系统，让它起作用，由于人对不同事件
的看法不同，才会出现各种不同的情绪和行为。这个理论也可以解
释，为什么面对同样一件事情，有些人无所谓，而另一些人却很愤怒。

人们往往会用行为表达自己的感受，生气的时候骂人、打人、

伤心的时候哭泣，等等。很多时候，其实人们只注意到他人的行为，却忽略感受。很多夫妻在吵架的过程中，丈夫往往比较理智，总会为自己找很多理由，甚至觉得太太胡搅蛮缠，但是，太太却可能会抱怨丈夫："你有考虑过我的感受吗？"太太可能在用"胡搅蛮缠"的行为，表达自己的感受。

层次 4：观点

观点也被称为信念、态度、价值观。观点常常与我们对自己的感受交织在一起，强大、牢固且难以拆分。观点来自现在和过去经验的结合，不只是根据此刻所见所闻的事实，也受到我们的期待与渴望的影响。例如，女孩从未得到过父母的拥抱，将之解释为自己不被爱或不值得爱；或是发现学校其他同学欺负她，她的解释可能是自己很笨或不受欢迎。这种解释会影响她的自我价值感以及她对自己的看法与感受。

我们往往会根据极为有限的知识基础形成观点，特别是在我们年幼的时候。

我们每个人都会对同一个事件产生属于我们自己的独特观点，每个人也会用不同的方式来描述相同的事情。

一个中国女人嫁给了一个美国男人。有一天，中国女人的母亲去美国家里探望，美国男人问岳母："你想喝饮料吗？我们有鲜榨的果汁、可乐、矿泉水、咖啡，你需要什么呢？"岳母第一次到女儿女婿家里，还很客气，于是随口说："不用了，我不渴。"女婿一听，哦，不渴，那就不准备了。然后就帮岳母布置房间去了。岳母等了半天也没见到女婿端水过来，才发现女婿真的没有要给自己倒水的意思。后来岳母回到家，给大家讲这件事，很多人都笑这个美国女婿太死心眼儿——别人说不喝水只是客气，你还真当别人不喝水啊？但如果美国女婿知道这件事情，一定很郁闷。在美国人的观念中，你说不用，就是不用，我不能逼着你去做你不愿意做的事情。

这个小故事就说明，每个人都有自己独特的观点，这种观点会左右一个人的感受与行为。

在"对与错"章节里面我也提到，夫妻双方争吵的焦点通常都放在谁对谁错上，为了证明自己是对的，他们甚至会搬出过往许多事情。最后引发争吵的这件事情已经不重要了，重要的是"证明对错"。夫妻为了对错而进行争论，其实也是在"观点"这一层面争论。

层次 5：期待

每一个人对他人和自己都有期待，期待是从渴望而来。渴望几乎都是相同的，期待却因人而异。比如，每一个小孩都渴望父母的爱，但小孩怎样知道自己得到了父母的爱呢？有些小孩通过父母的拥抱和亲吻知道自己被爱，有些小孩则通过和父母玩耍知道自己被爱，有些小孩则通过父母的言语知道自己被爱。比如，一个小男孩期待亲近父亲，希望父亲常常陪伴自己，温柔地和自己说话，如果父亲能做到，他的期待就得到了满足，这个小男孩的情绪、行为都不会出现问题；可是，如果父亲工作很忙，又是一个不太会表达感受的人，也不知道如何与小孩亲近，这个小男孩将会处于期待总不能被满足的状态。小男孩若没有什么办法满足自己的期待，只能忍受这种匮乏的状态。那些未被满足的期望如果进入观点层面，这个小男孩可能认为自己是一个很差劲的人，所以得不到别人的爱；如果进入感受层面，他很可能会体验到受伤、孤独甚至愤怒。

这个小男孩成年后，他会"偷偷"将这些渴望带入另一段关系中，或一直带着期待没有得到满足而产生的不适感生活下去。如果在随后的某个人生阶段，这一期待得以实现，那么当前的关系将会呈现出价值，而过去的渴望和不适也将消失。

很多时候人们并没有表达出他们的期待，或者他们可能也不清楚自己的期待。我们的期待通常来自人类普遍存在的渴望。一个期待被爱的人，他的期待若总是不能得到满足，为了生存，他会不断地放弃自己的期待和被爱的需求。这些经历不但会导致他产生低自尊、痛苦、伤害和自我贬低的感觉，还会让他产生这样的结论："我不好，我不值得别人爱。"

我常常看到有些人炫耀自己购买的奢侈品，一个简单的布包可能要上万元，还有一些刚工作的年轻人会买几十万元的车代步。这些奢侈品真的是刚需吗？其实未必。很多人觉得，昂贵的奢侈品可以满足自己被别人肯定和尊重的需要。甫入社会的年轻人，事业刚刚起步，获得的肯定自然很少，认可与尊重也不多，这些昂贵的奢侈品让他们的某些期待得到了满足。

层次 6：渴望

所有人都想被爱、被重视、被接纳。

当我们渐渐成长，这些渴望得到满足或是未得到满足，都将对我们未来的发展、成熟以及我们处理自身感受有很大的影响。因为这些渴望，我们发展出几种应对方式，表现形式可能是那些得到接纳或不被接纳的行为；为了得到别人的重视，我们可能讨好或控制他人。当普世皆同的渴望未被满足时，就很难与他人联结，或者联结不稳固。

在生命早期，通过不断尝试和体验，若自我受到反复"轰炸"，并由此形成了对自己的定义，限制了自身的发展，生命也渐渐变成了仅仅维系生存的过程。如果渴望得到了满足，个体就有机会发展出高自尊、表里一致的生存方式、健康的压力应对模式以及爱自己和爱他人的能力。

层次 7：自我

冰山的核心或基础就是自我，它决定了我们与自己和世界的关系。这一部分最难以被察觉、被了解，常常需要花很长时间才能看清它的真正本质。"自我"是一种生命的真实状态；我们在情感上完全活在当下，能完整地兼顾我、他、情境，能让生命力在自然状态下不断成长，内心充满喜乐与意义感；同时，能很顺畅地和任何人联结。我们追求的目标是与"自我"联结，发现我们本来的面貌以及我们最深切的想要。

看到一个人的"冰山"

以上是"冰山原理"的理论，为了更好地帮助读者们理解这一理论，我在这里举一些例子。

某天上班，某人发现自己的电脑被打开了，电脑桌面上放着一些陌生的文件。此时，这个人非常愤怒，这是他的**感受**。然后他大声对周围人吼道："到底谁动了我的电脑？"对周围人的"吼"就是他的**行为**。

那么这种行为和感受背后的观点是什么呢？他的**观点**可能是——"在没有经过我的许可前，任何人都不得打开我的电脑。"他**期待**——"如果有人要用我的电脑，必须事先得到我的许可。"这种期待来源于这样的**渴望**——"我希望被尊重，在安全的环境中工作。"在这个人发现电脑被人打开那一刻，他的自我价值感变低，因为有人没有尊重他，随便动了他的电脑，他感觉工作环境不安全。

所以，这么简单的一个事件，也能看出一个人的冰山。

在工作中，在职场的人际关系中，看见对方的冰山也非常重要，能让一个人赢得同事、合作伙伴的心，让大家能够求同存异，凝聚在一起做事业，这也是现代经营者重要的才能之一。

有两个年轻人，毕业以后一起创业，经过几年艰苦的努力，事业小有成就。其中一个人想追求更大的发展，另一个人却渐渐开始感到自满，松懈下来，享受当下的成功，越来越注重享乐。那个想要更大发展的人看见合伙人的这种表现，开始担心、着急，甚至有些愤怒，他怎样表达自己的意见会比较好呢？如果他能看见对方的冰山，并且通过一种合理的表达，让对方看到自己的感受和想法，他应该这样说："兄弟，我们一起创业这么多年，现在企业发展到了一个相对比较稳定的阶段，我注意到你现在开始把更多的时间花在打麻将上，用于学习和业务的时间越来越少。我内心有一种担心，担心企业的发展会受到影响。也有一种害怕，害怕我们之间的关系会越走越远！你是我人生中很重要的人，是一起打拼的生死弟兄。我很在乎和你的关系，我不知道是不是因为我哪些地方没有做好，令你这样。我无法想象没有你的日子，我该怎么带领这个企业往前走！希望你能够告诉我发生了什么，我能为你做点什么……"

想象一下，拍档听到这样一番肺腑之言，会有什么样的感受？是否会有所触动？是否会感到一种温暖和支持？是否也能同时感受到尊重和认可？这样的话语，可以让伙伴更顺利地接受他的意见。

再举一个例子。

丈夫下班回家，兴冲冲地告诉妻子："告诉你一个好消息啊！我升职了！"

此时，如果妻子能够看到丈夫的冰山，她就能正确地回应丈夫。丈夫的冰山是什么呢？在丈夫兴冲冲的**行为**、**言语**背后，他的**感受**是兴奋和开心。他的**观点**是——"升职意味着我事业的进步，是我能力的体现。"他的**期待**——"我要和家人分享这一喜悦，让他们也高兴。"而他的**渴望**——得到家人的认可和赞美。那一刻，丈夫呈现了一种高能量的生命状态，自我价值迅速提升！

妻子这时如果说："你真棒！我为你感到骄傲！看到你取得的成绩，我们都很开心！"

如果是这样，这对夫妻的感情一定很好。

但是，如果妻子不这样说，而是对丈夫说："取得这点成绩就把你高兴成这样，不看看你多大年纪了。你看看那个谁，比你年轻那么多，已经坐上处长位子了。"

如果妻子这样说，她的冰山是什么？也许她内心曾经**渴望**丈夫肯定，但是丈夫没有，现在丈夫要她肯定，她不愿意；又或者在她的**观点**中，鞭策比鼓励重要，她想时刻提醒丈夫，还有人比你更好，你要更努力。这些都是行为之下的层面，并不能通过行为看出来，所以，丈夫只看到了妻子冷嘲热讽的**行为**，而看不到妻子的整座冰山。

如果夫妻双方都只能看到彼此的行为，而不去了解行为背后的各个层次，这对夫妻的关系就堪忧了。

下面，我想再分享一个学员故事，通过学习心理学，他的家庭关系得到了很大的改善。

03

/

冰山原理的运用

"刘凯，你在哪儿啊？"电话中，一个女人焦急地说。

"姐，我在客户这里谈事情。下班再打给我不行吗？"刘凯有些不高兴地说。

"老爸又开始发酒疯了，我们都管不住，现在在家里砸东西、骂人，邻居打电话叫我去，110都来了！你快过来啊，我给弟弟也打了电话，他正在赶来的路上！"

刘凯皱皱眉头，这个老爸啊，几十岁的人了，越来越不像话了，酗酒成性，一喝多了就发酒疯，每次都搞得鸡犬不宁，家里的碗砸坏了一套又一套。这是第几次找来110了？第二次？第三次？去年做体检，医生已经提醒他血压高，不能再这么喝酒了，可是他不听。一喝多了就把几个孩子都大骂一顿，"不孝顺，还不如生下来就……"什么奇怪的话都能骂出来。几个兄弟姐妹每次去看望父亲，都会被小区里的邻居指指点点，大家还以为这几个子女多么不孝顺父亲，令父亲经常暴怒或者以泪洗面。刘凯还记得，上次一个年轻的民警还教训他："你们这些子女也太不孝顺了，怎么能把老人家气成这样？"刘凯一个堂堂企业大老板，平时走到哪里都被人称赞，居然被一个小自己20岁的小青年教训，说他不孝顺父母，他还只能硬着头皮听着，连连点头认错。其实，刘凯姐弟是非常孝顺父亲的，尤其是刘凯，给父亲花钱从来不犹豫，有什么好东西都会给父亲买。

"哎，老爸啊，老爸，你能不能让我省省心啊！"刘凯一边想，一边叹气，对姐姐说："行，我这边处理完事情立即过去。你看看又砸坏了什么，我让秘书准备买新的。"

匆匆忙忙和客户谈完合作，刘凯立即奔向父亲家。

走到楼梯间，刘凯看见邻居隔着门用奇怪的眼神盯着他们，然后小声地跟旁边的人嘀咕着什么。刘凯只有假装看不见，直奔父亲家。

一进门，就看见姐姐正在清扫一地的碎玻璃、碎瓷片，弟弟正在扶起倒下的家具。

刘凯脸一沉，问道："爸呢？"

"喏，闹够了，累了，进卧室睡觉了。"姐姐对着卧室努努嘴。

"这次闹得比上几次都厉害，电视都砸了。"弟弟把砸坏的电视机搬到门口，叹了口气，"这么好的电视，我自己都舍不得买呢，他居然给砸了。"

"以后给他买木头的东西，木杯子、木碗，砸不坏的。"姐姐一边扫地上的玻璃碴儿，一边愤愤地说。

"你不怕他下次喝多了一把火烧了吗？买木头的，下次更有得说了，说我们当他是乞丐，拿个木碗给他用。"弟弟没好气地说。

刘凯一屁股坐在沙发上，气得说不出话来。

父亲到底是怎么了？

刘凯想起小时候，父亲那时就喜欢喝酒，但是并没有喝完就发酒疯啊！其实父亲和几个子女关系都不错，但是好像在子女工作、父亲退休之后，他就越来越喜欢喝酒了。母亲去世前，也常常因为父亲酗酒和他吵架，那时父亲也只是偶尔酗酒，并没有现在这样严重。

其实，刘凯姐弟和父亲关系还是非常好的，父亲非常重视孩子的教育，所以几个子女现在都事业有成，尤其是刘凯，成为一家集团公司的老总。几个子女对父亲的赡养都非常慷慨，刘凯专门给父亲在江边的一栋公寓楼里买了房子，装修豪华，姐姐和弟弟也分别给父亲购置了昂贵的家具、日用品，父亲平时的生活费，几个孩子也毫不吝啬。刘凯实在弄不明白父亲到底出了什么问题，越来越爱饮酒，而且酒后闹事的情况也越来越频繁。

不知道读者们有没有刘凯这样类似的困惑，家里有一个让你不省心的老人，你觉得自己对父母已经很好了，给他们花了很多钱添置好东西；每次看到新闻报道中那些不赡养父母的人，你心中都有一种隐隐的自豪感。但是父母的生活状态似乎并不好——不开心，甚至时常生闷气，或者给你找麻烦，就像刘凯的父亲一样。但是他们又是你的父母，你不可能责怪他们，更加难以教训他们。你该怎么办？

这时，或许就是"冰山原理"派上大用场的时候了。

在行为这个层面我们看到，刘凯的父亲有一个酗酒后破坏的**行为**，父亲的**应对方式**是指责。当父亲破坏东西的时候，他的**感受**是什么呢？一定非常不好，非常愤怒。学习了冰山原理以后，我们都知道，感受下一层是一个人的观点，正是因为有了这样的观点，才会引发一个人对应的情绪感受。那么，刘凯父亲的观点是什么呢？这一点我们不得而知，但从他醉酒以后骂孩子们的话可以揣度出他的**观点**——他觉得孩子们不孝顺。这就奇怪了，刘凯姐弟在父亲身上花了不少钱，怎么还是被父亲认为不孝顺呢？或许父亲认为的孝顺和孩子们理解的孝顺是不一样的。观点下一层是一个人的期待，也是他的需求。当一个人的需求得不到满足的时候，他就会有不好的感受，同时，想要采取行动（应对方式）去满足自己的需求。父亲觉得孩子不孝，总是酗酒闹事，是否是因为父亲有什么需求得不到满足呢？我们再来看需求之后更深的层次——渴望。

前文说了，不论种族、文化、宗教、性别或肤色，所有人都想被爱、被重视、被接纳，所以渴望是普世皆同的。那么刘凯的父亲也一样，希望被孩子们爱，被他们重视。但是孩子们似乎都忙于自己的生活，虽然给他提供了丰富的物质，但是他们却没看到父亲对被爱与被重视的**渴望**。因为自己的**需求**得不到满足，所以刘凯父亲觉得孩子们不孝顺自己，也许常常借酒消愁，渐渐就变成了酗酒，在酒精作用下，他便开始出现了暴力的**行为**，以此引起子女的注意。

学习了"冰山原理"以后，想必你都可以帮助刘凯分析他父亲酗酒闹事行为的原因了。

当刘凯带着这个烦恼走进我的课堂，他向我请教如何解决这个问题。我用冰山原理分析了他父亲这种行为的原因后，他恍然大悟。刘凯说，母亲去世以后，父亲在外人面前并没表现得很伤心。刘凯当时还觉得父亲很坚强，也就没有太在意。但是他也发现，母亲去世以后，父亲酒喝得越来越多，酒后闹事的情况也越来越严重，特别是今年，搞得几个子女不胜其烦。母亲的离世可能让父亲感到很悲伤，没有了老伴儿的生活也很孤独，虽然没有说出口，但他内心应该很渴望子女的关爱。

听我分析完，刘凯反思了自己对父亲的疏忽。虽然他花钱给父亲买了不少东西，但是由于工作忙，这些东西他都是吩咐秘书去采办，快递送货。他一年也只有重大的节假日去父亲那里坐坐，而且电话不断；姐姐有两个孩子，平时要照顾自己的家庭，也很忙，一个月可能去看望父亲一两次，每次也待不了多久；弟弟常常出差，两三个月才去看看父亲。今年他们一家四口聚在父亲这里的时间，似乎都是在父亲酒后闹事之后。

课程结束以后，刘凯将姐姐和弟弟聚在一起，开了一个家庭会议，说出了自己的想法。他觉得父亲可能是独自在家，觉得孤独，又不好意思告诉子女们自己的感受，所以越来越依赖酒精。喝醉之后开始闹事，是想通过这种方式引起子女们的关注，希望子女们能陪伴在自己身边。听刘凯说完，姐姐和弟弟都深表赞同。

"你这么一说，好像真是这样。你看，我们三个一年聚在一起陪他的时候很少，结果他这一闹，大家都来了。"姐姐说。

"那怎么办才好呢？我们三个也不可能常常来陪他，我经常要出差。"

"要不这样好不好？"，刘凯说："以后，我们轮流每周来一天陪陪父亲，陪他喝喝茶、吃吃饭。弟弟不出差的时候就过来一天，我以后也带家人过来和他一起过周末，如果我没时间，就让太太带孩子过来。"

"这个办法倒是可以试试，他总这么喝酒也不行。我平时可以过来，找一天带孩子过来吃晚饭也没问题。"姐姐说。

"我不出差就过来看看他。"弟弟说。

"好，那咱们就试试看。"

从那天开始，刘凯三姐弟便开始轮流陪伴父亲。

这个办法很快开始奏效。经过半年的尝试，父亲喝酒次数越来越少了。虽然说还不太可能戒酒，但是酗酒情况基本没有了，更别说酗酒闹事了。通过这段时间的陪伴，刘凯发现，不仅父亲的情况大有好转，他和姐弟们的关系也比之前更亲密了，大家只要有时间，就会相约一起去父亲那里。刘凯有时工作压力大，也会主动去找父亲聊聊天，有时听听老人的看法，似乎比自己闷头烦恼更有效。

其实刘凯的父亲和所有人一样，他的**渴望**就是被爱、被关怀，他**期待**孩子们能够陪伴他，若孩子们不来陪伴他，他就会觉得孩子们不孝顺了，会**感觉**失落、寂寞和愤怒，会用酒精去缓解（**应对方式**）自己不舒服的感觉，但是酒精又会促使他做出暴力的**行为**。

当一个人的需求不能通过正常手段获得满足的时候，他就会采用非正常手段达到自己的目的。当然采用这种方式的不仅仅是刘凯的父亲，很多人都是这样，为了得到关注，做出过激的行为。比如，有些被父母忽略的孩子，可能会用特别叛逆的方式引起父母的关注。**当你可以看到别人内心的冰山时，你才能够知道如何应对他人的行为。**

每一个行为背后都隐含着一个人的需求与渴望，但我们大多数人却只能看到别人的行为。

刘凯父亲的酗酒与谩骂，是他对孩子表达一种不满，这种不满的背后，是他对孩子爱和重视的需求。

当你上班迟到的时候，如果领导责备你，也许他是期待你能更重视个人发展；当顾客抱怨一个产品有很多问题的时候，也许他是期待产品能够更明确用户需求。同样，若你的伴侣对你指责、抱怨，甚至和你争吵，在这样的行为下，他可能有一个没有得到满足的需求，如果你能够看到伴侣的这个需求，并且能够满足他，争吵一定会少很多。很多父母说，孩子长大之后，就越来越不懂孩子在想什么了，尤其当孩子进入青春期之后。孩子真的那么难以理解吗？如果用冰山原理去理解孩子，你会发现孩子并不复杂，他渴望得到的东西和你是一样的。

冰山原理是一个非常有效的人际沟通工具，通过看到别人的冰山，你就能通过他的行为、情绪，一层层地深入他真实的内心，看到他内心的期待、渴望，如果能够满足期待与渴望，你们的关系会变得非常融洽。学会使用这个工具，你的工作也会越来越顺利，家庭关系也会越来越和谐。当你能够看到一个人的内心时，你自己也会变得更加包容。

冰山原理还可以用来观察你自己。当你出现一种行为的时候，你可以通过这种方式了解自己，了解自己的期待与渴望，让自己的内心真正富足起来。

每一个行为背后都隐含着一个人的需求与渴望，但我们大多数人却只能看到别人的行为。

第六章

情绪管理：关乎生命品质

01

/

情商与情绪

　　我曾受《广州日报》邀请，为他们的 VIP 读者做有关孩子教育的主题演讲，在最后的提问环节，一个妈妈问我："团长，一个人的智商并不是最重要的，最重要的是情商，对吗？"

　　我对这个问题不置可否，这个妈妈又接着说："我现在就在训练孩子的情商，经过这么长时间的训练，我觉得已经取得了很好的效果。"

　　听她这么说，我和在场的嘉宾们都肃然起敬。我问她："你是怎么训练孩子情商的呢？"

　　她说："我让孩子学会控制和管理情绪，我最讨厌那些动不动就发脾气的人，所以，我训练我儿子从小就不要发脾气。"

　　听她这么一说，我开始感到头皮发麻，浑身不自在，我问她："你孩子多大啊？"

　　"4 岁，是个男孩子。"这个妈妈有点自豪地说，"刚开始训练的时候也挺难的，不过我没有放弃，想了各种办法，现在他可乖了，幼儿园老师也常常表扬他，说他是最听话的孩子。别的男孩总是抢玩具、打架、哭闹什么的，但他不会。"说到这里，这位妈妈充满了自豪，"可是我有个朋友，她说我这样的方法不对，会害了孩子，所以我想问问团长，我这样做对吗？"与其说她是在问我问题，倒不如说她想向我证明她是对的。

我不知道该如何回答她，一个 4 岁的孩子，竟然在母亲的训练下不再有情绪，这到底是一种怎样残酷的训练啊？

在成长的过程中，也许我们曾被身边人的情绪深深伤害过，也许因为自己的情绪化吃尽了苦头，因此我们视情绪为洪水猛兽，要将它囚禁于牢笼之中。请您回忆一下，在您抚养孩子的过程中，是否也或多或少阻止过孩子表达自己的情绪呢？尤其是男孩子，当他们表现出悲伤的情绪时，很多父母可能会说："男孩子，哭什么哭，丢脸！"当他们表达愤怒的情绪时，父母要么责骂他们不听话，要么威胁他们："你再发脾气，我就不爱你了"，甚至干脆打他们一顿。在大多数人的认知里面，情绪化是不好的。因此，我们总是想方设法地克制或控制自己的情绪，生气的时候让自己压制怒火，悲伤的时候让自己克制悲伤，甚至开心的时候也要喜不形于色。

当我们这样看待自己的情绪时，自然也希望我们的孩子能给别人冷静、沉着、理性的印象，所以这位妈妈如此训练自己的孩子，本意也并非不好，只是这种训练孩子控制情绪的方式，真的好吗？一个从小就冷静、理性、喜怒不形于色的人，他开心吗？

这位妈妈的故事，又让我想起了另一个"乖"孩子的故事。

那时，我的女儿还在上幼儿园，有一天我去幼儿园接女儿，女儿哭着告诉我，有个叫"天天"的男孩子打了她的好朋友，打得很厉害，小男孩将那个孩子推倒在地，然后不断地用脚踢她，女儿想去劝架还差点被打。尽管老师已经通知男孩的父母到园，但是想起当时的情景，女儿还是吓坏了。

这个男孩我认识，因为流行"尿布"外交，父母平时都围着孩子转，孩子要和同学玩，于是孩子的父母自然都认识。这个孩子平时挺乖巧的，他的父母都是文化人，平时看起来温文尔雅的，怎么会产生如此暴力？

我安抚了女儿好一会儿，等女儿停止哭泣时，我问她："天天平时不是挺乖的吗，怎么会那么暴力呢？"

女儿告诉我，他平时是很乖的，可是有时会变得很吓人。因为从事心理学教育的职业习惯，我对这个孩子产生了好奇心。

在一次家长的聚会上，我刻意坐到了天天爸爸的身边，跟他聊起了孩子，我说："天天很乖，很听你的话啊，你让干什么他就干什么，现在很少有孩子能做到这样了。"

他说："是的，这孩子平时挺好的，只是一发起脾气来很吓人，对我们和比他大的人还好，但经常会欺负比他小的孩子，甚至会拿家里的猫出气。我听说您是一位心理学老师，我就想向您请教一下，我儿子这种情况，是不是心理有什么问题呢？"

"心理问题倒不至于，只是我好奇他为什么会这样。你们平时打孩子吗？"我猜测一个暴力的孩子通常都有被暴力对待的经历。

"没有啊！我们从不打孩子，在孩子犯错后，我们只会让孩子反省。"

"怎么反省呢？"我对一个4岁孩子的反省感到很惊讶。

他说："我有个朋友也是做老师的，他告诉我，孩子要从小就管教好，否则大了就不容易管了。他告诉我一个方法，叫'关禁闭'，就是孩子犯错之后，就把他关在洗手间里，让他反省，直到他认错了才让他出来。你说天天现在这种情况是不是跟这个有关？"

当然有关！听他这么一说，我大概也明白这个孩子问题出在哪里了，这种关禁闭式反省，只会让孩子屈服于权威，面对比他强大的力量，他学会了压抑，可是那些被压抑下来的情绪，到哪里去了呢？它消失了吗？当然不会，这些情绪只会储存在身体里面，当达到一定的阈值时，就会爆发，于是我们看到天天会用更暴力的方式将愤怒发泄在弱小的人身上，遭殃的是那些比他小的孩子，还有那些可怜的小动物。

我与这位受过高等教育的父亲谈了差不多一个小时，要说服他放弃这种所谓的"反省"真不容易，我只是请他尝试一段时间不要关禁闭，他将信将疑地答应了我。这事已经过去五六年了，这个孩子小学和我女儿上了同一所学校，所以，我们的交往一直保持着，我看着那个"小暴力"慢慢变得文明起来，就知道他父亲再也没有将他关在洗手间。

天天是幸运的，因为他没有一直被"禁闭"下去；那个 4 岁就被训练管理情绪的小男孩也是幸运的，因为他的母亲开始接触心理学，并愿意在心理学里发现人生的秘密。可是很多人就没有那么幸运了，大多数父母都不知道"情绪管理"的代价。

我就是没那么幸运的人。

情绪管理的代价

亲爱的读者朋友们，你们是否也有一个不听话、总是爱发脾气的小朋友呢？当孩子发脾气的时候，你又作何反应呢？有效果吗？

又或者说，在你小的时候，是不是也曾经被这样要求？现在的你已经被训练成了喜怒不形于色的"老好人"，平时能忍则忍，很少表达自己的悲伤和愤怒？如果是这样，我想问的是，你快乐吗？你幸福吗？

我们真的要控制自己的情绪吗？如果不控制，我们又深受情绪所扰。面对那些所谓的"负面"情绪，我们究竟该怎么办呢？

人们总喜欢将一些事情分为"正面"和"负面"两极，情绪也是这样。面对所谓"负面"的东西，人们总是排斥、抵制或压抑，于是，悲伤、愤怒、无助等"负面"情绪通常被人们深深地压制下来。

我曾经就是这样一种人。还记得那一年，我父亲去世了。对于常人来说，这应该是一个非常悲痛的时刻，但是我那时却没有眼泪，也并不觉得特别悲伤。因为我一直认为，人活到一定年纪去世是一件非常正常的事情，父亲也只是到了这样的年纪。人人都一样，又何必太悲伤呢？那时的我根本没有意识到这种想法以及当时的反应有什么问题。因为从小就习惯压抑自己的情绪，我习惯了将很多事情"合理化"，不仅是悲伤的情绪很难表现，面对本该愤怒的事情，我也显得很平静。

按照本章开头那位母亲的观点，以前的我就是一个情商高手了。然而，这样的情商"高手"，不管是在工作还是在生活都充满了问题。

我从小就被教育要管好自己的情绪，我的父母成功地把我培养成了一个"好人"，我平常处事冷静、条理清晰、逻辑缜密、无懈可击，从不会被情绪所困，就算遇到很大的困难，也不会感到痛苦。因为我很善于管理那些"负面情绪"，绝对不会让它们出来干扰我的人生，结果，它们却偏偏严重地干扰了我的人生。

首先是在工作上，因为我是一个冷静的人，所以我非常不喜欢那些情绪化的人。那些多愁善感的人，我觉得他们太脆弱；那些易怒的人冲动、肤浅，干不了什么大事；那些犹豫、恐惧的人，我觉得他们胆小、懦弱……我的公司总是招不到适合的人，我总觉得无人可用，于是，我这个老板又忙又累。

工作上超理智的我，在生活上也不例外。我认为努力工作，为家人创造一个好的生活环境，让孩子受到良好的教育，是一个男人的责任。我爱我的太太，我爱我的家人，我把赚的所有钱都交给我太太，自认为这是对太太最好的爱。可是，结婚初期，我总是听到太太对我的抱怨，说感受不到我的爱，说我对她不好。那时的我觉得不可思议，我把一切都给了你，你还觉得我不爱你，这简直太过分了！如果这都不叫爱，那什么是爱呢？

当然，我也是幸运的，虽然当年我的父母把我教育成了一个压抑情绪的人，但我在成年后有缘接触心理学，这已经是万幸了！我相信还有太多像我一样的人活在"不可思议"中。

学习了心理学之后，我才知道，我什么都给了我太太，唯独没有情感。而我的公司之所以没有人才，是因为我害怕情绪，而恰好人才都是有情绪的，多愁善感的人情感细腻，是写文章的好手，是处理关系的公关、客服精英；易怒的人爱憎分明、行动迅速，是执行力高手；犹豫、恐惧的人思维缜密、深谋远虑，是不可多得的智囊。

流露悲伤会让人觉得脆弱，表达愤怒会伤害自己的亲人，可是管理好了这些"负面情绪"又会变得冷漠不近人情，甚至变成某一天会爆发的垃圾人，那我们面对与生俱来的情绪，该怎么办呢？要回答这个问题，我们先来了解一下情绪究竟是什么。

02
/
情绪究竟是什么

情绪，是对一系列主观认知经验的统称，是多种感觉、思想和行为综合产生的心理和生理状态。情绪通常分为喜、怒、哀、惊、恐等，也有一些细腻微妙的情绪，如嫉妒、惭愧、羞耻、自豪等。

情绪是我们心理和生理的状态，是一种生命力的体现，可是出于二元思维的习惯，人们常常将情绪分为两类：当一个人体验到某种情绪的时候，如"喜悦""自豪"等，会感觉很舒服，于是人们把这类情绪叫"正面情绪"；还有一类情绪，如"愤怒""悲伤""恐惧"等，当一个人体验到这种情绪的时候，会感觉不舒服，想要逃离或者回避，人们觉得这种情绪是不好的，是"负面情绪"。我们都不想要"不好"的东西，想避免自己有"不好"的情绪，于是就有了情绪管理理论：希望把这些情绪管理起来，而最简单的管理方法就是把这种情绪压抑下来。

压抑情绪会有什么代价呢？我们以"愤怒"为例，看看情绪是个什么东西。

愤怒是我们日常生活中常碰到的情绪，每当事情不如自己所愿、需求得不到满足或者感觉自己被侵犯时，人们就会感到愤怒。当有愤怒情绪时，人们会变得有攻击性，这种攻击行为往往会伤害到身边的人，同时也会给自己带来麻烦。所以，愤怒过后，人们往往会后悔自己的愤怒给别人及自己带来的伤害。为了避免这种痛苦，人们开始学会压制愤怒，还美其名曰"百忍成金"。殊不知，这种"忍"会导致向内攻击，让身心受伤。同时，愤怒是一种能量，压抑下去的愤怒并不会消失，它只是暂时停留在身体的某个位置，当人的愤怒不断被压抑下来时，就像一个不断充气的气球，总有爆炸的一天。愤怒发泄出来会伤害他人，压抑下来会伤害自己，那如何是好？我们首先来认识"愤怒"，引发愤怒的压力源通常有如下四种：

1. 痛苦的感受（来自心理感觉）；

2. 痛苦的知觉（来自身体）；

3. 一些让人纠结和挣扎的事情；

4. 危险临近的时候。

人们面对上面这些情况时，为了避免碰触自己的痛苦感受，会产生一种叫"愤怒"的情绪，用这种情绪终止我们感受到的痛苦、脆弱或者无助，把内在的痛苦转向对外的攻击，所以说，愤怒是一种次要情绪，是一种防卫机制。愤怒可以让我们无须面对痛苦，而是通过攻击、逃跑、隔离等方法，停止压力。

明白了这一点，再认识愤怒就简单了，只要我们能够透过愤怒正视其背后的痛苦，接受痛苦带给我们的有效信息，我们就会成长，让自己变得更有力量。

举一个我亲身经历的例子，记得某年年初我与公司同事去泰国普吉岛度假，回国那天订的是凌晨两点的飞机票。因我平时养成了早睡早起的习惯，所以在深夜办理登机手续的时候，又困又饿，那天排队的人又多，泰国航空的服务效率十分低下，排了好长时间的队，大家都心情烦躁，突然有两个人跑到队伍前面插队，我一下子愤怒了！我忍无可忍，马上发动全公司同事一起抵制，于是泰国机场出现了一场不小的动荡。我开始觉察到事情的严重性，我的愤怒本来是维护"正义"的，可是我愤怒的行为却把我变成了"错"的一方。为了维护"正义"，泰国机场人员也开始愤怒，然后他们愤怒的行为也将他们变成"错"的一方……本来只有一方是错的，但因为愤怒的情绪，慢慢地，大家都开始一"错"再"错"起来……

当我觉察到这一点，我问自己：愤怒之下我想掩盖的痛苦是什么？如果我不生气的话，我会感受到什么？

我瞬间感受到了一种深深的无助，一种被不公正对待、被欺负的痛苦，当我正面接纳这种痛苦，跟它在一起时，愤怒就烟消云散了。我问自己，我要做些什么才不会被不公正对待，才能维护我们的权益？一下子，我的大脑灵光多了，于是我的语气也平和了下来，在平和的状态下，问题就容易解决了，终于一场风波平息下来。

从上面的例子可以清楚地看到，愤怒本身没有问题，愤怒这种情绪带来的行为才有问题。愤怒是一种力量，是一种可以保护自己的力量，一旦把这种力量转化成对外的攻击，就会造成对别人的伤害；一旦把这种力量压抑下来，转化成对自己的攻击，就会造成对自己的伤害。最好的方法是，当愤怒到来时，我们能够觉察它，直接勇敢地面对愤怒之下的痛苦，这种力量就会变成一种让自己成长的能量，借助这种能量，你不需要攻击别人，也可以保护好你自己。

当然，做到这一点并非易事，我们需要觉察。所谓**"觉察"**，就是注意到一些潜意识里的习惯性反应。潜意识里有很多反应模式，我们先来看一下我们的"求存系统"。

远古的人类每天都会面对比自己更强大的野兽或猎物，处于危险中。面对其他动物，人们通常会有两种反应。

1. **攻击**。当人们有把握战胜对手时，就会选择攻击，将动物变成自己的猎物。
2. **逃跑**。当面对那些比自己更强大的动物时，人们会选择逃跑，确保自己的生存。

这就是存留在我们基因中的求存模式，正因为有这样的模式，人类存活至今。可惜的是，今天的人类面对一些跟危险没有任何关系的事情时，同样会使用这种求存模式。就像我上面提及的例子，只不过是插队而已，但我的潜意识误判为"危险"，马上启用求存系统，立即发出攻击，保护自己。这就是愤怒的自然反应原理。

当我们明白这一点，可以把这种潜意识的反应提到有意识的觉察中，然后用理性的逻辑系统，请"求存系统"暂时缺席，不参与生活的琐事，这样，我们就能保持觉察。当然，要做到这一点，需要不断地训练自己。而最好的训练就是当我们感觉到愤怒时，深呼吸，问自己："这是跟生存有关的危险事件吗？"如果不是，再直面愤怒之下的痛苦情绪，接纳它，跟它在一起，把它的力量化为勇气，平和而坚定地维护自己的权益。当你能做到这一点时，你会发现，自己不仅有力量，还充满智慧。

负面情绪有什么用

情绪的负面影响常常被过度夸大，人们会刻意否认情绪，或者选择性地抛弃一些情绪。有人认为情绪会影响人的判断力，只有像机器人一样，摆脱情绪的困扰，人才会头脑清醒、智力超群。他们否认情绪，把它像敌人一样对待。

有人认为可以选择性地"抛弃"一些情绪。例如，抛弃消极情绪，"我们可以完全不生气或者完全不难过，永远保持快乐""老师永远只能对学生微笑，对他们发火是鲁莽和不理性的""孩子只能爱自己的父母，如果恨他们，就会有很深的罪恶感"。实际上，情绪的力量是整体的，只有自由地体验各种情绪，才能感受到更多流畅的情绪。

承认和接纳我们的情绪，并不是因为它是对的，而是每种情绪都有它独特的价值和功能，都有它存在的理由，并且都是我们可以利用的力量。如果仅仅为了某种情绪而忽略其他情绪，我们就无法完整地体验生活。就如纪伯伦所说："悲伤在你心中切割得越深，你便能容纳更多的快乐。"

作为消极情绪的"悲伤"，同时也是一种能促进深沉思考的情绪反应，可以让我们更好地从失去中取得智慧，更珍惜目前的拥有；而"恐惧"的体验虽然让我们难受，却可以提高神经系统的灵敏度和对潜在问题的警觉，从而获得正常情况下得不到的信息，迅速作出"战斗或逃避"的准备。因此每种情绪都值得我们由衷地赞赏。

除了愤怒，还有几类常见的负面情绪，我们一起来看看它们各有什么作用。

1. 嫉妒

嫉妒是指人们为争取一定的权益，在比自己有优势的人面前，怀有一种冷漠、贬低、排斥或敌视的心理状态，是一种极想排除或破坏别人优势地位的心理倾向。嫉妒是天主教教义七原罪之一，这可能是我们最难以启齿的一种心理状态。相比于愤怒，人们更不允许嫉妒的出现，也更加掩饰自己的嫉妒之情。

然而嫉妒有什么用呢？嫉妒告诉你，你最渴望的是什么以及渴望的程度。跟愤怒一样，嫉妒本身没有问题，因嫉妒产生的某些行为有问题。记得有人说过，要成为城市里最高的大厦，有两种方法：一是摧毁比自己高的大厦；二是在打好坚实的基础后不断建造。嫉妒让人们普遍选择前者，所以，世俗将嫉妒看成一种邪恶。

如果我们能意识到"想成为最高的大厦"可以用第二种方法，嫉妒其实就是另一种力量！

2. 悲伤

悲伤是理解世界的门径，是人与人连接的情感之一。理解悲伤是心理咨询师必备的一种能力。悲伤带来的哭泣，可以释放紧张、缓解心理压力，是一种心理保护措施。

美国学者研究发现，悲伤时的眼泪可以"排毒"，人们痛快地哭过后，自我感觉都比哭前好许多，健康状态也有所增进；更进一步的研究发现，人们在情绪压抑时，会产生某些对人体有害的生物活性成分，哭泣后，情绪强度一般可降低40%；而对那些不爱哭泣、不会用眼泪消除情绪压力的人进行的研究发现，压抑悲伤会影响身体健康、促使某些疾病恶化，如结肠炎、胃溃疡等疾病就与情绪压抑有关。

可惜的是，大多数的男性，特别是中国的男性，遇到悲伤的事情时强压着悲伤，把泪水独自咽下。殊不知，此举对身心健康有着极大的危害。我猜想，男人的平均寿命较女性短也可能与心理压抑、流泪少有一定关系。

我们现在有太多手段让自己远离悲伤这种感觉了，KTV、酒吧、电竞等这些喧嚣场所里，有着太多悲伤的人，他们选择了隐藏、压抑的方式去面对悲伤，没有勇气去面对这种可以疗愈自己的能量。

3. 焦虑

焦虑是人类进化过程中发展出来的基本情绪，过度的焦虑是一种病理反应，会严重影响健康，所以人们对焦虑有一种排斥心理，认为这是不好的，是一种"负面情绪"。然而适度的焦虑却具有积极的意义，它可以充分地调动身体各脏器的机能，适度提高大脑的反应速度和警觉性。焦虑让我们聚焦未来，让我们更加谨慎细致，让我们审视自己的不足，避免重大失误。

4. 无聊

当此刻所做的事情不符合自己价值观时，无聊的心理体验就出现了。无聊感的产生是价值观改变而注意力没有改变的结果。

无聊感在提醒你，此刻所做的事情并不符合你的价值观，无聊可以让你深思生命的意义，甚至迫使你采取改变行动。如果你对自己的工作感到无聊，那么这份工作可能不适合你，顺着这份感受你或许可以看到内心正在对你说："你在消耗自己的生命。"如果你对自己的生活感到无聊，这种感觉会问："你内心真正想要什么，生命的意义何在。"

无聊可以让你进入深层思考，无聊可以让你充满创意，无聊提醒你是时候改变了。

5. 恐惧

恐惧是指对某些事物或特殊情境产生比较强烈的害怕情绪。我们总认为恐惧是不好的，有恐惧感的人是胆小鬼。殊不知，恐惧是人类与生俱来的一种保命情绪，就是这样一种情绪让我们人类存活到今天。

试想一下，人类没有了恐惧会怎么样？面对动物园里的老虎，没有恐惧的人会变成它的食物；面对危险，没有恐惧的人会性命不保；面对法律，没有恐惧的人会无法无天，终有一天会成为阶下囚；面对大自然，没有恐惧的人肆意妄为，于是地球没有了颜色。

勇敢并不等于没有恐惧，而是一边恐惧一边面对。恐惧让我们注意安全；恐惧提醒我们做事的边界，让系统更加平衡；恐惧让我们变得更强大。

每一个负面情绪都有自己的作用，如果我们能够认识它、面对它，接受它带给我们的礼物，我们将受益无穷。

03

/

面对情绪我们该怎么办

我曾读过王小波讲的一个古怪的故事。"据野史记载，中亚古国花剌子模有一古怪的风俗，凡是给君王带来好消息的信使，就会得到提升，给君王带来坏消息的人则会被送去喂老虎。于是将帅出征在外，凡麾下将士有功，就派他们给君王送好消息，以使他们得到提升；有罪，则派去送坏消息，顺便给国王的老虎送去食物。"（《花剌子模信使问题》）我猜读到这个故事的朋友都会觉得花剌子模的君王太荒唐了，坏消息并不是信使的责任，他只是坏消息的传递者而已，可惜遇到了一个荒唐的君王，让自己冤死虎口。

这样的君王实在太可恨了，对吗？可是，我们并不知道，其实我们自己也是这样荒唐的"君王"，而各种情绪就是那些冤死的"信使"。

不是吗？想想你曾经头痛过吗？当你头痛时，你首先想到要做什么？吃止痛药对吗？为什么要吃止痛药？因为头痛令你感到痛苦，你需要止痛药把这种痛苦赶走，对吗？你却不知道，头痛只是给你传递一个信号——你休息不够，是时候该休息了；或者它想告诉你——你酒喝得太多了，不要再喝了，再喝会伤害身体。可惜的是，人们并不会感谢这个可怜的"信使"，只因为这个"信使"让你不愉快，你就决定把它消灭掉。你想想，你与花剌子模的君王有何不同？

情绪也是一样，是人体内在传递给我们的一个信号。我们的大脑会为了证明自己是对的而欺骗我们，这在心理学上叫作"合理化"。而情绪却非常忠于我们，它绝不会欺骗我们，它只是忠实地呈现一个信号：愤怒提醒我们要保护自己的领地；悲伤让我们创造空间，疗愈内在创伤；恐惧提醒我们注意安全、小心谨慎；焦虑让我们聚焦未来，未雨绸缪。

每一种情绪都有自己的力量，如果我们能够合理地运用这些力量，而不是压制它们，我们的身体会更加健康，心理状态也会更加健康，生活才会更加幸福。

如何与自己的情绪相处

那么如何与自己的情绪相处呢？

要回答这个问题，我先问各位读者一个问题：如果有人为你送快递，你会怎么对待这个快递小哥呢？如果你是一个有礼貌的人，我想你会感谢他，然后接过包裹，拆开层层包装，收下这份他人或你自己送给自己的礼物。

面对情绪也一样，我们要做的跟收到快递时的流程是一样的，首先感谢它，拆开它的层层包装，看看它真正想要送给你的礼物是什么，然后真诚地收下这份礼物。

1. 接纳

如果快递小哥送来的快递包装很难看，甚至很丑，你不想收，想把快递小哥赶走，拒收包裹，情况会怎么样？要知道，快递小哥的任务是把包裹送到你手上，他才有收入，大老远跑一趟，快递工作没完成，他这一趟就算是白跑了。如果这个快递小哥是个负责任的人，他就会一遍遍按你的门铃，直到你签字收下包裹为止。

情绪来时，它也是有任务的，如果你拒绝收下它向你传递的信息，它也会像快递小哥一样，一遍遍反复地"通知"你。

请你回想一下过往的生气经历。当你生气时，内在有另一个声音说："生气是不好的，你不能生气。"不允许自己生气，气却越生越大。当你悲伤时，你同样认为悲伤是不好的，不允许自己悲伤，想把悲伤压下去，或者到一些热闹的娱乐场所麻醉自己，不让自己悲伤。结果呢？最热闹的地方却有着最多的伤心之人。

情绪是来向你传递信息的，你收下它向你传递的信息，它就不会再按你的门铃了，所以，面对情绪，最简单有效的方法是：接纳。

记得我女儿小的时候经常跟我去逛商场，路过商场玩具店时，她总吵着想要买玩具，可家里的玩具已多得无处放了。我并不是每次都会满足她的要求，当我拒绝她的要求后，女儿有时会很难过，并且会当场哭闹。出现这种情况时，大多数家长都会这样责骂孩子："不准哭！哭什么哭？再哭我下次不带你出来玩了！"这样的结果呢？孩子哭闹得更厉害，搞得父母不胜其烦！

其实，面对孩子的哭闹，解决的方法很简单，接纳孩子的情绪。这种情况，我通常会蹲下来对她说："爸爸不给你买玩具，所以你很生气？"她说："是的，很生气！"我又说："你现在不仅生气，还很

**情绪来时，
它也是有任务的。**

214

难过对吗？"她点点头。我抚摸着她的头说："如果你难过，就哭一会儿吧，爸爸陪着你。"听我这么说，女儿就会瞪着我："谁要你陪！我才不要难过呢。"说完若无其事地走出了玩具店。

这就是接纳。所谓"接纳"，就是允许情绪的出现，有情绪是可以的。

接纳对孩子有效，对大人同样有效。不信请各位读者试试，当你的朋友、家人或者客户很生气时，你对他说："你现在看起来很生气啊？我做了什么让你感觉很生气，对吗？"对方通常会说："是的，你令我很生气！"或者，"有吗？我哪有生气？我没有。"你会神奇地发现，对方的气越来越小了，因为他的情绪被你看到了，情绪的任务完成了，它当然功成身退了。

对自己呢？也是一样的。当你感觉到有情绪时，如悲伤，你跟自己说"悲伤是可以的"，让自己在悲伤中待上一会儿，你会发现，悲伤不会再干扰你；如果你感觉到恐惧，你同样可以跟自己说"害怕是可以的"，你会发现自己开始没那么害怕了。其他情绪也一样，只要你接纳它，它的任务完成了，就不会再干扰你了。

2. 收下情绪的礼物

情绪是一位信使，它是来给你送信的，你要收下它给你的礼物，并且感谢它，它的任务才会完成。就像快递小哥一样，你签字收下包裹，感谢他，他自然会离开。

愤怒让你保护自己，悲伤提醒你需要成长，恐惧让你做事小心，焦虑让你加倍重视未来……每种情绪都有它的功能，都有它的任务，所以当情绪来时，先接纳它，然后问它："你想告诉我什么？"

这是我做心理咨询个案时经常会用到的一句话，每当案主有强烈情绪出现时，如常见的悲伤，你会看到他的眼泪夺眶而出，我首

215

先会对案主说："悲伤是可以的（接纳），你的眼泪在说什么？"这时，案主的悲伤就会喷涌而出，告诉你一串串伤心的故事，而我的任务就是让案主看到这些故事带给他的礼物。

同样，当自己有情绪时，接纳后，问问你的情绪，它想告诉你什么。你的潜意识也会告诉你很多答案，这些答案里隐藏着丰富的礼物，只是，有时候礼物的包装并不是太漂亮，而且拆起来有点困难，但请你不要放弃，只要你相信里面一定有礼物，用你的方法打开它，直到你收到那份珍贵的礼物为止。

3. 一致性表达你的情绪

面对情绪，光有接纳、收下情绪带给我们的礼物这两步还不够，因为情绪是一种能量，如果就此结束，这份能量还在，于是有人就会向外攻击，有人会向内压抑，而向外攻击会伤害别人，向内压抑会伤害自己，这都不是好方法。最好用"一致性表达"的方式，表达出你的情绪，让情绪能量流动起来。

所谓"一致性表达"，是由美国心理学家萨提亚女士发展出来的一个方法。一次良好的沟通，通常要考虑三个要素——自己的感受、他人的感受和情境。如果这三个要素都能关注到，沟通就是顺畅的，情绪的能量就会流动起来，既不伤害自己，又不会伤害对方，同时又能使双方共同努力、一起解决问题。

在沟通中，如果少考虑这些要素中的任何一个，就会造成生活中的矛盾、冲突和误会。

当一个人在沟通中忽略了他人的感受，只关注自己和情境，他会习惯性地指责对方，这种沟通模式叫"指责"；若一个人在沟通中忽略了自己的感受，只关注他人和环境，他会习惯性地委屈自己，成全别人，这种沟通模式叫"讨好"；如果一个人在沟通中既忽略了自己的感受，又忽略了对方的感受，只关注情境，也就是焦点只放在事情是否合理上，他的沟通虽然能够做到客观理智，却考虑不到沟通双方的感受，这种沟通模式叫"超理智"；更有甚者，在沟通中同时忽略三个要素，遇到压力时马上转移焦点，逃避压力和责任，这样的沟通模式叫"打岔"。

只有将"自己""他人""情境"三个要素都关注到，情绪的能量才会流动，沟通才能顺畅。

比如这样一个常见的场景，丈夫因工作需要在外应酬，妻子苦等至深夜，不同的应对姿态就会有不同的沟通模式。

如果妻子习惯于"指责"，她会气冲冲地对丈夫说："这么晚才回来，你心里根本没这个家。"这样，她的情绪是发泄出来了，可是丈夫会有什么感受呢？一个男人在外辛苦打拼，只是为了多做一单生意，为家里多赚一点钱，让太太可以过上好一点的生活，可是精疲力竭地回到家后，却被妻子当头一顿指责，心里能好受吗？于是，一场战争就这样爆发了……

如果妻子习惯性"讨好"，虽然一个人独守空房到深夜，满肚子孤独和委屈无人能说，见丈夫回来时，却把这一切吞到肚子里，堆起笑脸跟丈夫说："老公，回来了，我给你留了碗汤，赶紧喝了睡觉吧，别累坏了身体。"这看起来很贤妻良母对吗？这是不是很多男人梦寐以求的妻子？可是，又有谁知道，这位"贤惠"妻子的肚子里装着多少委屈呢？

如果是一位"超理智"的妻子，可能会对丈夫说："天天熬到这么晚才回家，这样的生意值得做吗？你现在赚的钱都不够以后交医药费，这种需要喝酒才能做的生意，以后不要再做了。"很有道理对吗？可是，妻子独守空房时的情绪到哪里去了呢？丈夫为了生意应酬到深夜的艰辛到哪里去了呢？通通都被压抑到了内心深处！一对理性夫妻的背后，是两个孤独的灵魂。

如果是一位"打岔"的妻子呢？也许她有千百种应对的方式，或许她会跟丈夫说，"反正深夜睡不着了，咱们玩游戏吧？"或许她会和丈夫聊最近假期的计划，也许会跟丈夫撒娇……她忘了刚才的孤独，也忽略了丈夫的辛苦，那些都不重要了，重要的是此刻要好玩。也许你会很羡慕这样的人，觉得她们活在当下，享受人生。可是，刚才的情绪哪里去了呢？难道真的烟消云散了？情绪是一种能量，它是不会消失的，它只是暂时被忽略了而已。打岔的人习惯用快乐去掩盖痛苦，他们要永远地快乐下去。要知道，永远地寻求快乐本身也是一件非常痛苦的事情，因为他们要永远寻找快乐去掩盖生命中的种种痛苦。他们并不是没有痛苦，而是没有勇气去面对痛苦。所以，打岔的人离生命最远。

上面四种应对方式都会让情绪卡住，不利于夫妻双方的关系及健康。只有同时能关注"自己""他人"和"情境"的一致性表达，才能让情绪流动起来。

"老公，你回来了？我等你一个晚上，你知道我有多难受吗？这已经不是第一次了，最近你经常这样，我一个人独守空房，很孤独，也很害怕（表达自己的感受）。我知道你做生意也不容易，担心不应酬就会失去这单生意，所以宁愿辛苦自己也要这样撑着（看到别人的感受）。但总不能这样下去啊！如果搞坏了身体，赚再多的钱也不值得啊！能不能以后咱们不做这种生意？"（情境部分，提出理性的解决方案）

这叫"一致性表达"，也就是说，当感受到情绪时，把它说出来，在说的同时，能照顾别人的感受，又符合当时的环境范畴，这就是我们经常说的"晓之以理，动之以情"。

对感受的感受，决定你生命的品质

我们常常在谈论"情商"，甚至有一种观点认为，一个人的成功不取决于智商而取决于情商，但什么是情商并不被大多数人所了解。大部分人误以为高情商就是"不生气"，或者说情商高的人可以掌控自己的情绪，于是，人们终其一生都在与情绪作斗争。而另一些人则屈服于情绪，受情绪所掌控，或者完全忽略情绪。面对情绪，不管是与之斗争、受控于情绪还是忽略情绪，都把情绪预设为敌人，这都不是情商高的表现，相反，这样做的结果，恰恰让人陷入痛苦的旋涡中。

比如说，如果你认为愤怒是不好的，当你感到"愤怒"时，就会产生另一种感受，可能是"自责"——心中会有一个评判的声音对自己说："你怎么可以愤怒呢？"可是，对于愤怒又无能为力，于是一种"无助"的感受又不知从哪里冒了出来，而"无助"可能又带来了"痛苦"……这样，"愤怒""自责""无助""痛苦"等感受交织起来，就变成了一种状态——"气得说不出话来"。你曾经有过这种无以言状的感受吗？活在这种状态下好吗？这样的人生有品质吗？

由"愤怒"产生的"自责""无助""痛苦"等，我们称为对感受的感受，这种对感受的感受，直接决定了我们生命的品质。

如果能学会上面的方法，面对情绪时，我们先接纳它，接受它给我们带来的礼物，然后用一致性的方法表达它，那么无论是遇到什么样的情绪，我们对感受的感受都会是"感激"。

当我们能够心怀感激地面对情绪时，就能够轻松自如地用一致性的方法与他人相处，用情感与人连接，晓之以理、动之以情地与人沟通。这不就是我们追求的高情商吗？

当我们能够真正明白这些时，我们确信情绪是属于我们自己的，是我们自身的一部分，我们是这些感受的真正拥有者，我们就能与这些感受合而为一，与自我深深地连接在一起，我们就会充满能量地过好每一天。这就是很多人不断追求的"活在当下"的美好境界。

一个能善待自己情绪的人，同样能够善待他人的情绪。如果你能够生活在这样的人身边，你是幸福的，因为你随时会被他们所温暖，你能感觉到被充分接纳，当你被接纳时，你会充满力量。这样的人不就是我们在第一章中所描述的"发光体"吗？

如果你有这样的父母，我更要恭喜你了，因为你在这样的家庭里长大，一定会成长为一个健全、健康的人，你将会拥有幸福的一生。所以，就算是为了你的孩子未来一生的幸福，请你从今天开始，善待你的情绪，好吗？

PART 2
实现圈层突破，改写人生剧本

本书旨在分享我自己人生改变的经历，分享那些帮助我改变的心理学方法。

第一部分分享了我从"对事不对人"到"先对人后对事"的转变以及一些如何对人的心理学方法。

第二部分我想分享心理学给我带来的两个重要的突破。

面对媒体采访时，我经常会被问到这样一个问题：

"你在心理学领域工作了二十多年，心理学给你带来的最大帮助是什么？"

第一次面对这个问题时，我真不知道该如何回答，因为心理学给我的帮助实在太多了，我不知道如何用三言两语归纳总结。但经过一番思考之后，我用倒推法推出了两个让我收获最大的核心。

我先问自己，"学习心理学后，我的人生发生了哪些重要的改变？"我发现以下两个方面对我来说最重要：

1. 我变得富足了，不仅是外在的财富，还有内在的心灵；
2. 我的人际关系变好了，从亲密关系、亲子关系到朋友关系，都发生了很大的改变。

简单来说，心理学让我变得有钱、有朋友。

然后，我再问我自己：

"心理学改变了我什么？我才会变得有钱、有朋友呢？"

我一下子明白了，心理学让我的内在发生了改变：

1. 自我价值提高了；
2. 思想维度拓宽了。

所以，我知道该如何回答媒体朋友那个问题了。

"心理学提升了我的自我价值，拓宽了我的思想维度，让我变得由内而外的富足，并且获得了和谐的关系。用一句流行语来说，心理学让我实现了圈层突破。"

为什么提升自我价值、拓宽思想维度之后就会让一个人实现圈层突破呢？什么是自我价值？如何提升自我价值呢？什么是思想的维度？如何拓宽思想的维度呢？

阅读第二部分内容，我相信你会找到答案。

第七章

内卷与躺平

最近，"内卷"和"躺平"两个词火了。

大抵是说由于生活忙碌，压力不轻，许多人陷入"内卷"的陷阱后，苦苦挣扎，若挣扎无果，就又走向了另一个极端——啥也不干，只想躺平。

内卷和躺平的内驱力到底是什么？我们又该如何破除这样的壁垒呢？

01

/

内卷与躺平

我第一次去德国是 2002 年，当时带领一个企业家考察团去奔驰、宝马等知名企业学习管理。第一次德国之行，我对德国印象最深刻的不是莱茵河畔的美景，也不是啤酒和猪手，而是德国人的生活方式。

一次，我们光顾了德国小镇上的一家鞋店，大家都十分喜欢手工生产的德国皮鞋，做工精良且价格合适。当大家正兴高采烈购物时，店员居然说要关门了，让我们明天再来。

天啊，那时才下午五点钟，我正在排队付款，一起排队的还有十多位客人，我们只好把选好的鞋重新放回货架。他们说不卖就不卖了，意味着："你们的钱我不赚了！"

原来，并不只是这家店如此，小镇上的所有商店都这样。这些店每天上午 10 点开门，中午 12 点到下午 2 点午休，下午 2 点到晚上 6 点继续营业；每周一至周五营业 5 天，周末休息。除了周末，还有各式假期。

为什么他们会放着到手的钱不赚呢？

原来，整个小镇只有这几家店，小镇上的人口没什么变化，鞋的品质一直优秀，供货也稳定，所以店家想什么时候开门都可以，因为不管鞋店什么时候开门，镇上的人总是要买鞋的，今天不买明天也会买。

因此做生意的人过着舒适而富裕的生活。夏天最热的那几天，鞋店老板们纷纷把店关掉，去南方的海边度假；冬天最冷的那几天，也纷纷把店关掉，去北方的山里滑雪。

但是，今天很多类似的小镇都发生了变化，他们不再像以前那样悠闲了，为什么呢？因为有一些大城市的商家进驻小镇，他们也开起了鞋店。小镇虽然小，但也算具有一定的人口规模，鞋的供需平衡还不至于因为新增一家鞋店而被打破。

但是，大城市的人以勤奋、能吃苦著称。他们每天早晨9点就开门了，不午休，直到晚上10点才关门；周末无休，夏天和冬天也从不放假，一年365天都营业。

于是他们的"勤奋"得到了回报，因为营业时间长，鞋店的生意额明显好于小镇上的其他鞋店。以前小镇人民下班后是无法买鞋的，现在，他们随时可以去大城市店家的鞋店买鞋，也就没什么必要光顾那些只有上班时间才营业的鞋店了。

为了生存，原来的小镇店主们不得不效仿大城市店家，营业时间改为每周工作7天，每天13小时，度假更不可能了。

由于小镇人口并没有增加，鞋的需求量保持恒定。所以每家鞋店最终的营业收入并没增长。但营业时间却从原来的每周5天、每天6小时变成了每周7天、每天13小时。

也就是说，他们的工作时间变长了，但收入却没有增加。

这就叫"内卷"，挣的钱没有增加，但是你付出的努力却变得更多了，效率反而变低。"努力"发生了通货膨胀，也就是说，"努力"的价值越来越低了。再直白一点——你的努力被某些东西给框住了。

面对这种情况我们该怎么办呢？

大部分人的选择是——躺平。

既然努力没有用，干脆就放弃，这就是为什么越来越多人选择躺平的原因，因为在大多数领域，都出现了内卷。

02
/
25 号宇宙

那么，是不是只有当资源有限时，我们才会内卷和躺平呢？好像并不是。

20 世纪 60 年代，美国一家心理卫生研究所的生态学家和行为学家约翰·卡尔霍恩（John B. Calhoun）设计了一个不可思议的老鼠乌托邦实验——25 号宇宙。

他将一座谷仓改建成一个乌托邦式的世界——无限供给食物、水和筑窝材料，且没有天敌，温度适宜。然后将 8 只老鼠（4 只公鼠、4 只母鼠）像亚当和夏娃那样放入这个"伊甸园"。谷仓可以容纳的极限为 3840 只老鼠，如果按正常逻辑推理，那么好的生存环境，老鼠最多会达到多少呢？

最终的结果让众人瞠目结舌，匪夷所思——老鼠繁殖到 2200 多只后就不再繁殖了，并没有达到极限。

这个实验也经历了几个意想不到的阶段。

一开始，老鼠的行为和在自然界中几乎一样，它们为争夺领地大打出手，强壮的老鼠住进了洞穴里的"豪宅"，而弱小的老鼠则住进了"贫民窟"。强壮的公鼠能吸引到好几只母老鼠交配并繁衍后代，而弱小的公鼠能有一只母鼠就不错了。洞穴内的社会地位体系开始成形。

随着老鼠数量增多，有些特别瘦弱的老鼠连贫民窟都住不上，只能住"露天广场"中央，"无家可归"。这也很像人类社会，如果没有工作和收入，也会无家可归。

接下来的情况更严重，这些无家可归的老鼠，没有了战斗的欲望，它们也不愿去交配、繁殖了，它们——躺平了。

渐渐地，连有自己领地的雄鼠也开始停止战斗和生育行为，每天除了吃饭、睡觉，就是梳理毛发，因为身上的毛发梳理得特别好，被叫作"漂亮鼠"。

这些打扮"漂亮"的公鼠十分受欢迎，但是它们却没有与母鼠发生性行为的冲动，也完全不知道如何去战斗保卫领地，它们的眼睛看上去依旧炯炯有神，身体也十分健康，可惜大脑却已经退化到不能应对任何特殊情况了。

随着占据统治地位的公鼠捍卫领地能力的下降，母鼠开始变得越来越好斗，它们会像曾经的公鼠一样捍卫领地赶走入侵者，开始主导一切。雄性失去了斗争和繁殖的欲望，而雌性更加独立且有攻击性。

接下来，所有老鼠开始停止一切社交行为，雄性慢慢停止了暴力和求偶行为，雌性停止了生育行为，领地冲突越来越少，但鼠的数量也开始一天天减少。

直到 1973 年，实验进行了 5 年后，最后一只老鼠死亡了，整个"谷仓乌托邦"灭亡。

为什么老鼠们生活在一个有吃、喝、住房且恒温的"乌托邦"里，也会躺平呢？内卷的原因究竟是什么呢？

03
/
习得性无助

要讲清楚原因，先给大家普及一个心理学名词——习得性无助。

这个名词来自美国心理学家马丁·塞利格曼 1967 年的一项经典实验。起初，研究员用 1.5 米高的栏杆把狗圈起来，在栏杆外面放上肉，狗一闻到肉香，会一下子跳出栏杆去吃肉。

但后来，研究员把栏杆加高到 3 米，再厉害的狗都跳不出这个高度。当然，狗闻到肉香还是会不断尝试跳跃，但经过一次、两次、三次、无数次的失败后，狗开始放弃尝试了。

为了刺激狗跳过栏杆，研究员开始给笼子通电，一通电，狗就痛苦地呻吟，为了逃避痛苦，它们又开始尝试逃出笼子，但栏杆实在是太高了，经过一次、两次、三次、无数次逃脱失败后，狗最终还是放弃了尝试。

研究员再把栏杆重新降回 1.5 米，也就是前面测试时狗可以轻易跨越的高度，但奇怪的事情发生了——这时的狗闻到肉香只会流口水；笼子通电时，受到电击的狗也只会缩在角落呻吟、颤抖，它们不再有任何行动了。

这些狗躺平了！

塞利格曼把这种现象称为"习得性无助"。

这就是为什么老鼠在资源充足的情况下也会躺平的原因。因为，就算是在资源充足的情况下，还是存在竞争。

在 25 号宇宙实验中，虽然食物充足，但老鼠为了争夺更好的住所和伴侣，开始竞争，那些在竞争中一次次失败的老鼠，也会像塞利格曼实验中的狗一样，最终放弃，选择躺平。

即使衣食无忧、含着金钥匙出生也会躺平，虽然不用跟他人争夺金钱，但他们避免不了生活的其他竞争和比较——比考试成绩、比谁漂亮、比谁更帅、比谁更有魅力……

那些在竞争中一次次失败的人，他们的内心会有一个声音——"我不行"。并不是他们真的不行，而是他们认为自己不行！就像习得性无助的狗，明明能跨过 1.5 米的栏杆，但是在痛苦和诱惑面前，选择一动不动，并不是它们真的没有能力，仅仅是它们认为自己不行。这种自我否定式的想法，在前文也有提及，叫作"限制性信念"，也叫"病毒性信念"。

所以，读者朋友们，如果你今天躺平了，不是你的能力真的不行，而是你有某种病毒性想法。也许你曾经在和他人竞争的时候失败了，于是内化了"我不行"的声音，从此再也不敢尝试了。

04

/

熵增定律

竞争无处不在，在竞争中暂时失败在所难免，如何避免在挫败中产生习得性无助呢？也就是说，如何才能避免躺平呢？

要回答这个问题，请允许我给大家普及一个物理学的熵增定律。为什么要从心理学跨界到物理学呢？因为我们要先弄明白事物发展的规律，才能找到解决的方案。熵（Entropy），最早在1865年由德国物理学家鲁道夫·克劳修斯提出，用以度量一个系统"内在的混乱程度"。熵，可以理解为，系统中的无效能量。很抽象对吧？团长的天赋是善于把抽象的东西简单化，让我用简单的方式跟大家来说明一下"熵增定律"。"熵"是一种无效能量，"熵增"就是随着时间推移，无效能量会越来越大。

比如，经过整理之后，房间很整洁，但一个星期之后呢？就会变乱。所以你的房间会朝无序的方向发展，这就叫熵；而这种无效能量增加的过程，就叫熵增。

人也是一个系统，这个系统中，熵也是增加的，所以人一定会走向死亡。成、住、败、空是所有事物发展的规律。所以，从某种程度上来说，内卷和躺平也是一种熵增的形式。

那么怎样才能避免熵增，避免躺平和内卷呢？我们就要看到熵增定律要满足的两个条件：

　　1.封闭的系统；

　　2.没有能量补充。

也就是说在封闭的系统中，体系与环境没有能量交换，体系总是自发地向混乱度增大的方向变化，整个系统的熵值就会变大。

所以要避免熵增，就要做到：

　　1.开放系统，从外部获得资源；

　　2.提高能量的使用效率。

对于人这个系统来说，要避免熵增，也就是避免内卷、躺平，也有两个方式：

　　1.破除限制性信念，从外部获得新的资源；

　　2.提高内在能量的使用效率。

05

/

突破"圈层"

——破除限制性信念

怎样才能破除限制性信念，开放系统，获得新的资源呢？

有关"限制性信念"我们在第一部分已经详尽阐述过。这次我们通过具体案例再次理解限制性信念。回到德国小镇鞋店的故事，如果小镇店主认为自己只能做小镇居民的生意，这种想法无疑是一个限制性信念；如果他认为自己必须与从城市里来的新鞋店竞争，这同样是一个思想病毒。

世界无限，除非你自我设限！

世界那么大，为什么只能做小镇的生意呢？鞋的质量那么好，为什么不可以通过网络销向全世界呢？如果这个鞋店老板开始将目光从小镇转向世界，他的生意就不再局限于有限范围内的竞争了。于是，他就又可以夏天到海边度假，冬天到北边滑雪了。这样哪还有内卷？没有内卷又何须躺平呢？

25 号宇宙的实验也一样，老鼠之所以会彻底灭绝，是因为有谷仓的限制，虽然实验者把它称为"宇宙"，其实所谓的宇宙，只是一个大一点的箱子而已，如果某只老鼠有能力跑到谷仓外，还会有内卷和躺平吗?

对人类来说，要打破外界的限制，必须先打破内部的思想限制，因为人不会去做那些自己认为"不可能"的事情。限制性信念，就是那些局限我们行动的想法。如果你想获得新资源，必须先破除它们。

你的大脑中是否有这样的想法呢? 不妨测试一下:

你能够举得起多重的东西?

你也许会说 10 千克、20 千克、50 千克……

如果我说你可以举起 100 吨的重物，你相信吗?

我知道此时你内心的声音一定是: 不可能。

你有没有发现，你的大脑已经被限制住了? 你可能不同意我的说法，不急，先听我讲个小故事。

一位父亲要求他的孩子搬一块石头过来，孩子很听话，可石头实在太沉了，超过了他的体力极限，无法搬过来，他只好跟父亲说自己搬不动。

父亲问他:"你尽力了吗? "

"我尽力了。"他肯定地说。

"你真的尽力了吗? 你再试试。"他的父亲鼓励他。

孩子在父亲的鼓励下，再次过去尝试，可是石头真的太沉了，还是搬不动，于是又回到父亲身边。

"我真的尽力了。"

"可是孩子，我一直在这里，你都没请我帮忙，怎么可以说尽力了呢? "他的父亲微笑着问他。

大多数人都和这个小男孩一样，以为尽力就只是尽自己一人之力，根本没有意识到请人帮忙或使用工具也是一种尽力的方式。为什么我们会觉得自己只能举起一定范围的重量，而没有想过自己可以使用起重机等其他工具。因为我们的大脑被过去的习惯性思维限制了！

生活中，很多人会说自己"没有办法"，其实方法是有的，只是没在你思考范围之内。就像你找不到钥匙时，它一定存在于某个地方，只是不在你寻找的范围之内，只要你愿意扩大寻找范围，一定能找到它。方法也是一样，"没有方法"的真正含义是——"在我的思考范围之内，没有方法。"如果你愿意拓宽范围，方法无穷无尽。这一点在财富领域最易理解——"你无法赚到你认知范围外的财富。"

最近流行直播，有的直播届红人甚至身家过百亿，如果让你也去试试，你内心的第一反应是什么？

"我不会"

"我不够漂亮，不够帅"

"我声音不好听"

"我没有流量"

如果这样想，你一定做不好直播。

你也许会问："我不这样想，就能做好直播吗？可是我真的不会啊？"

我不知道你是否真能做好，但我相信我能！

其实，我跟你一样——不会做直播，面对镜头不知道说什么，虽然我讲课十多年，但我只会在人面前讲，不习惯跟没有反应的手机讲，我不会面对着镜头说话。

我跟你一样长得不帅，我今年都50多岁了，早过了上镜最佳年龄；

我声音不仅不好听，普通话还不标准；

我也没有流量，我第一场直播只有300多人看……

但我相信，我能做好直播！为什么我这么有信心？因为在十多年前互联网经济兴起时，我也不懂互联网（至今也不太懂），但我赚到了互联网的钱，我投资的一家网站"壹心理"拥有近3000万用户。

我是怎么做到的？

很简单，不懂的东西，我去找懂的人合作，这叫借力。我之所以会借力，是因为通过心理学的学习，我破除了限制性信念，让我可以突破思想的限制，走向更广阔的天地。"存乎中，形于外"，当我能够打破内在的限制时，外在的世界也跟着扩大。

人在口中，叫"囚"。每个人都是自己思想的囚徒，不同的是，有的人囚笼小，有的人囚笼大。如果你愿意破除思想的病毒，至少可以让自己的生活过得从容、舒服些。

如何才能破除限制性信念，拓宽思想维度，实现圈层突破，我们在第八章再详细展开。

06

/

提高自我价值，
提升能量使用效率

除了开放系统，从外部获得新的资源外，避免熵增的第二个方法是——提升系统内部有限能量的使用效率。为什么提升能量的使用效率也跟内卷和躺平有关？我跟大家讲个故事。

有一年清明，我回乡扫墓，清明时节雨纷纷，乡下山路难行。我开着车在坎坷的泥路上慢慢前进时，发现前面的车纷纷掉头，一位乡亲叫停了我的车，跟我说："下雨的缘故，前面的路过不去了，回去吧。"

清明拜祭先人是我们的习惯，我不想放弃。于是我下车步行往前走了一段，发现其他车之所以过不去，是因为路滑坡陡，车的动力不足。而我知道乡下的路难走，特别从朋友处借了一台动力强劲的越野车回乡。我判断自己的车没问题，决定继续前行。果然，它没让我失望，轻松越过山丘，到达目的地。

这是不是很像生活中常遇到的场景，在困难面前——

有人知难而上，越挫越勇；而有人遇到一点困难就退缩放弃；

有人总是精力充沛、神采奕奕；而有人却无精打采，萎靡不振。

两种人的差别在哪里？

我的车因为动力强劲，所以能轻松越过陡坡；而其他车因为动力不足，只能中途放弃。那些越挫越勇的人，一定是动力十足的人；而那些容易躺平的人，通常都是动力不足的人。同样生而为人，为什么有人动力十足，有人动力不足呢？我们先来看人的能量主要消耗在哪些方面。

中国的道家认为，人的能量主要用在以下三个方面。

1. 身体劳作：占 50%；

2. 性：占 25%；

3. 大脑：占 25%。

随着现代工具的使用，用于身体劳作的能量已经大幅下降。性能量主要用于繁衍后代，但现在生育的需求大幅下降，人不像其他动物，一直在繁衍，所以，只要你不是纵欲者，可以保存大量的能量。

上述两个途径在人与人之间的差别并不大，最大的差别在于第三点——大脑，这才是关键。

大脑消耗能量有两个途径。

1. 不稳定的情绪；

2. 内在思想的冲突。

第一个消耗能量的途径是不稳定的情绪。为什么说不稳定的情绪会消耗能量呢？

刺猬身上长满了锋利的刺，当遇到危险时，它的刺会竖起来，不是为了伤害其他动物，而是保护自己。

动物学家曾做过实验，他们不断攻击刺猬，让它处于长期的危险和恐惧中，它的刺一直竖着，3个小时后，这只刺猬就奄奄一息，濒临死亡了，因为高强度的情绪消耗了它大量的能量。

人也一样。你是否发现，跟人争吵后会很累？不仅身体累，心也累，因为愤怒会消耗你的能量；

恐惧也是一样，如果你总是为某些事情担惊受怕，一直处于恐惧的状态下，你根本提不起精神；

焦虑更不用说了，如果你处在高度的焦虑情绪中，你会吃不香、睡不稳，这样的状态持续不了多久，你就会精疲力竭。

所以，情绪的平和稳定，对一个人的能量使用效率非常重要。那些在困难面前越挫越勇、不轻易放弃的人，基本上都是情绪平和稳定的人。

第二个消耗能量的途径是思想的冲突。

什么叫思想的冲突？

我是第一批下海的人，当时有位同事看我干得不错，也想效仿。可他既怕生意失败，留在单位又心有不甘，一直在离开和留下之间挣扎，几年之后，单位破产了，他才不得不离开。

你是否也会像他那样，想做一件事情，可是又下不了决心，一直犹豫不决？前怕狼后怕虎，拿不定主意？如果有，这就是思想的冲突。就像我们内在有很多小人，他们一直在"开会"，却无法达成一致。这些内在的小人天天打架，哪有不消耗能量的道理。

以前的团长做事谨小慎微，做决定前犹豫很久，总是担心这个、担心那个，错失了很多机会，并且，这种模式还消耗了我大量的精力，导致我面对困难时很容易放弃，缺乏克服困难和面对挑战的勇气。

今天的我就不一样了，就像前文说的，虽然我不具备直播红人的大多数条件，但直播这种方式出现后，我毅然跟上，没一丝害怕，虽然目前还做得不好，但我依然信心满满地坚持每周一次直播，并坚定相信自己能做好。

是什么让我改变了呢？是心理学。学习心理学后，我的自我价值大大提升了，不但思想冲突少了，情绪也稳定了，大大降低了我的能耗，提升了能量的使用效率。为什么自我价值的提升可以同时减少思想的冲突和情绪的波动？我们首先要了解什么是自我价值。

自我价值就是自己对自己的主观评价——你怎么看待你自己，你觉得自己是个怎样的人，这是一种对"我是谁"的认知。为什么这种认知会影响情绪和思想呢？我们来看一个简单的比喻。

现代人都离不开手机。假设有一个刚从亚马孙丛林来、完全不认识手机的部落人，看你整天拿着手机，疑惑地说："你整天拿着这个玩意干嘛，又不能砸骨头。"你会不会计较？你的心情会不会受影响？

你不会。为什么你不会受他的影响？因为你百分之百相信它是有价值的。

换个场景就不一样了。假设你是古董收藏爱好者，你最近花重金买了件古董，可能是明朝的，可能更早，你甚至无法百分百确定它是真的。如果是真的，它可能价值连城；如果是假的，你投入的巨资就化为乌有了。

这时你找了位古董专家，当他捧着你的宝贝左看右看时，请问你的心情是怎样的？此时你内在的思想斗争一定很激烈，情绪也无

243

法稳定。因为你无法确定古董的价值，它是否有价值并不由你决定，而是由专家。专家一句话，可能让你上天堂，也可能让你下地狱。

商品如此，人也一样。如果你对自己的价值不确定，你会十分在意别人的评价，你的情绪就会受他人影响，你会有一颗玻璃心，一碰就碎。当你的情绪随环境的变化而变化，又怎能稳定呢？

但如果你对自己的价值像对手机一样确定，面对别人的任何评价，你都会一笑置之。你成了情绪的主人，自己的情绪自己做主，情绪就不会过多消耗你的能量了。思想也是一样，当你足够相信自己，你就不再有太多内在的自我冲突，因为你不会怀疑自己，你会身心一致地把决策付诸行动，这不仅不会消耗能量，还可以大大提高效率，让你的内在能量聚焦在有益的事上。意之所在，能量随来，还有什么困难能难得住你呢？

07

/

盗火：用心理学改写人生剧本

一粒种子是长成参天大树还是杂草？取决于两样东西。

　　1. 种子的基因；

　　2. 种子生长的环境。

同理，决定一个人是内卷、躺平，还是成功、幸福，也取决于两点。

　　1. 自我价值；

　　2. 外在的资源。

自我价值就像种子的基因，写着你将活成一个怎样的人的所有剧本，是一个人的内在资源。

外在的资源取决于你思想的开放程度。人与植物不一样，植物不可以移动，而人可以，人可以通过选择获得外在的资源。决定一个人是否移动的是他的思想，如果思想固化、充满限制，他很难获得足够的资源；但如果思想开放，不管他身处何方，都可以通过行动获得新的外部资源。

在内卷不可回避的当下，如何避免躺平，重新找到人生的突破口，最好的方法：

1. 提高自我价值，改变人生剧本；
2. 提高思想维度，获得外部资源。

怎样才能做到呢？我的经验是学习心理学。

你也许会说，心理学的学习需要四年本科、两年研究生、三年博士，哪有那么多时间？不用担心，心理学发展到今天，已经有了很多不同的流派。过去24年，团长学过近20个心理学流派，我最喜欢的一个流派叫NLP（神经语言程式学），因为它简单实用。团长人生的大多数改变都源于这门学问。

对我而言，NLP就像普罗米修斯从宙斯那里盗来的火种。作为普通人的我们，是否也可以拥有某种"神性"的力量，让自己能够在芸芸众生中获得某些生存的优势呢？团长认为，可以有。

我是一个农村的孩子，一脚牛粪、一脚泥地从农村走到城市，从一贫如洗到财务自由。我没有父辈的助力、没有靠得上的关系，也没有重点大学的背景，我靠的是什么呢？

尽管这其中得益于友人相助以及各方力量的支持，但我认为有一门学问功不可没，这门学问就是NLP。NLP是点燃我生命的那束"火种"，赋予了我力量与智慧。

本书的底层逻辑，就是这门学问的逻辑。

NLP三个字母本意是：

Neuro——神经

Linguistic——语言

Programming——程序

合在一起就是"神经语言程序学"，它是研究一个人的语言、神经反应以及内在模式的学问。经过20多年的学习，我对NLP这三个字母有了新的理解：

N：New——新

L：Life——生活

P：Path——道路

NLP对我而言是一种新的生活道路，新的生活方式。我相信NLP可以改变你的世界，因为NLP曾经改变了我的世界！

当然，团长只能为你打开一扇大门，剩下的路还要你主动去走。

面对内卷，是用心理学成就自己，还是就此躺平，就交给聪明的你去选择了。

第八章

人生的维度

01

/

什么是维度

　　说到维度，我想不少人会想到刘慈欣的小说《三体》。《三体》讲述的是这样的一个故事：地球科学家向三体世界发送了地球的坐标，引来了三体人对地球的毁灭性打击。三体人是生活在太阳系以外的高维度文明，他们居住的星体正在走向灭亡，所以，当他们获知地球适合居住后，想毁灭人类，并把地球据为己有。

　　故事就此展开，因为三体人的维度比人类高，所以，在这场战争中，人类陷入劣势。小说里有一句台词让作为人类的我十分汗颜："高维度的生物对低维生物，就像人对蚂蚁一般，我消灭你，与你无关。"

　　当然，这是一本科幻小说，情节都是刘慈欣先生想象出来的。在人类这个群体里面，是否也有一些人的维度更高呢？答案是肯定的。我投资的企业"壹心理"的创始人黄伟强先生就是这样的人。

　　黄伟强先生还是一个学生的时候，在豆瓣上建立的一个心理学小组拥有 20 多万组员；在微博年代，他凭一人之力就拥有了 200 多万粉丝；到了微信年代，他带领的壹心理团队，在全网拥有 3 000 多万用户。他把握了时代的每一个机遇。这些跟维度有什么关系呢？我来分享一个小小的故事。

有一次，我请黄伟强先生给我们运营公众号的编辑做个培训，他随便从我们的公众号中找到一张照片问一位编辑："你为什么选择这张照片？"

那是一张在某个课堂上拍的照片，照片正中一位学员笑得很开心。编辑看了一下照片说："这张照片很漂亮哦，你看这位学员笑得多开心？"

伟强反问他："你这张照片想给读者传递什么样的信息？你有没有看到她旁边那位学员在打哈欠？你有没有想过这位张大嘴巴的同学看到这张照片是什么感受？其他没上课的读者看了会怎么想？这是一个多么无聊的课程，你看学员都在打哈欠"。

那位编辑被这一连串的问题问蒙了，一时间不知道如何回答。

黄伟强接着告诉编辑："选一张照片或者选择一篇文章，不能光凭自己个人的喜好，还要从读者的角度看，读者喜欢什么样的文章，这篇文章能给读者提供什么价值；还要看公司的角度，公司要实现什么价值，这篇文章是否可以为公司提供价值；然后是作者的角度，作者是否喜欢你转发他的文章，如何发文章才能让作者感到有价值……"

我想我不用说下去了，大家已经感受到黄伟强先生考虑问题维度的不一样了。到底什么是维度，不要急，请听团长跟大家慢慢道来。

02

/

位置感知法与时间线

不同的学派会用不同的坐标来论述维度，万法殊途同归，表达方式不同而已，所指向的方向大致差不多，团长今天给大家讲述NLP 的方法，因为 NLP 最容易明白而且最简单有效。NLP 研究发现，卓越人士有三个维度跟普通人不一样。我们先来看看前两个维度组成的"人生空间"。

第一个维度：
位置决定视角，视角影响观点

位置感知法有三个位置：第一身、第二身、第三身，也可以用另一个大家都明白的表述：自己、对方、大众。

大多数人思考时，只会考虑到自己，为了维护自己的立场，证明自己是对的，不惜攻击、指责他人，这样的后果就是把身边的人一个一个推走，不仅破坏人际关系，更重要的是，一个目中只有自己的人，很难成事。

第二个维度：
"时间线"，以终为始，方能目光远大

也许你曾遇到过一个不小的困难，当时的你崩溃了，以为天要塌下来了，或许有些人曾经动过放弃生命的念头。可是，今天再回看那一段经历，你是不是觉得小菜一碟？同样，你今天遇到的困难，在"今天"这个时间框架来看，确实是个困难。可是如果从未来的角度来看呢？也许同样是小菜一碟。这就是时间线的威力。

一般人只在"现在"这个时间框架内思考，或者沉湎于过去，被过去的习惯左右。这样的思考方式是局限的，因为过去以及现有的资源都是有限的。

一个懂得放眼未来的人是不会受限的，因为未来有用之不尽的资源。NLP 研究发现，那些卓越人士不仅会放眼未来，而且懂得站在"未来"的时间框里思考，以终为始。

站在现在看未来，叫规划；站在未来看现在，叫境界；问题本身不是问题，关键是"现在的你"把它当作问题了。

"位置感知法"与"时间线"这二维坐标组合见图 8-1。

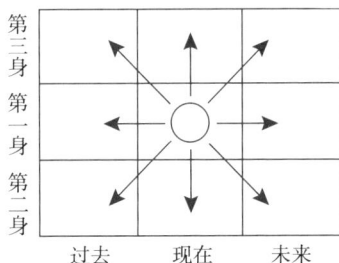

图 8-1　位置感知法与时间线

03

/

格局与情怀

我想大家都同意，一个人的格局越大，他的事业就越大，他的成就就越大。可是什么是格局？有具体的量度标准吗？在回答这个问题之前，请先看下面两个故事。

我曾经在一次带队游学中认识了中山的胡老板。

我注意到胡老板是在青岛海边一个卖海产品的店里。当时，我是团长，负责召集大家上车，赶去下一个景点。当时，别人都上车了，可胡老板还在海产品商店里大包小包地购物。我过去对他说："胡总，我们快点走，这东西很贵，如果你真想买，晚上我带你到海鲜市场买，那里便宜多了，而且我有认识人，质量也有保证。"

胡老板正在等待打包，他在柜台边转过身跟我说了一番话，我这辈子都不会忘记。

他问我："团长，你知道导游靠什么吃饭？"

我说："知道啊，工资、小费、回扣。"

胡老板说："你知道你还叫我不要买？我们这个团没几个人购物，如果我也不买，导游会不开心；导游不开心了，我们未来五天肯定玩不好。所以团长，我在这里买点东西，导游开心，我们全团人都开心。而我买了这些东西回家送给亲朋好友，亲朋好友也开心。团长你说，我在这里买贵那么一点，值不值得？"

"居然有人是这样想问题！"我心里不由得暗自惊叹。那天晚上睡觉前，我就一直在琢磨：怎么有这样的人？他为什么能够从这种角度思考问题？

在过去的十几年，我看着他的企业慢慢从 300 多人，一直长大到今天的 3 000 多人，由原来的 2 000 多万的营业额，到现在几十个亿的产值。我见证了他企业的成长、壮大。从他身上，我学习到了非常重要的一点：大格局的人，一定是大成就者。

熟悉团长的人知道，现在团长的身份有点复杂，既是导师，又是企业经营者，还是投资人。我之所以能成为投资人就是因为从胡老板的身上学会了如何看人。

2011 年，我终于碰到了一位很像胡老板的人，这个人叫黄伟强。那是一次偶然的聚会，黄伟强当时是我的供应商。席间，黄伟强说了一句话："团长，你们这些心理人过得苦哈哈的，还要到处帮助别人。"他顿了一下，接着说："我有一个梦想，我希望借助互联网的技术创建一个平台，让心理人能方便地找到自己的客户，心理人自己先过上好生活，才有力量去帮助更多的人。"

黄伟强的这番话让我立刻想到了当年的胡老板：这不就是胡老板的翻版吗？他想的并不是他自己，而是整个行业，用他自己的话来说——他是个有情怀的人。

2011 年，我投资黄伟强，一起创办了"壹心理"。现在他已经把"壹心理"做成了心理界最大的平台。现在"壹心理"有超过 3 000 万的用户，每天能影响 1 000 多万的人群。"壹心理"是我的骄傲，黄伟强也是我的骄傲，而这都源自胡老板当年给我的启迪。

我们把以上两节内容组合起来，就变成如图 8-2 的九宫格。

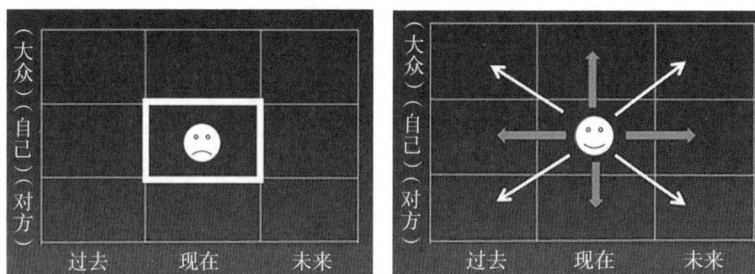

图 8-2　格局九宫格

从这张图我们可以看出，有人只站在中间那个框架思考问题，只活在那有限的时空范畴里面，他的世界只有方寸大，又怎能成就一番事业呢？

而有人的框架是遍布九格的，他不仅考虑自己，还把他人、大众都纳入思考范围；他不仅仅思考现在，过去和未来都在他的思考范围之中。一个人心中能容纳多少人，他就能做多大的事。

当然，并不是每个人天生都是大格局之人，团长就不是，我是通过不断的学习，格局才一点点得以拓展的。

如何才能拓展一个人的格局？就是我们前面所分享的二维空间，如果我们在思考时，能够照顾到自己、对方和大众，同时学会站在未来的位置看今天，那我们的格局自然而言就放大了！

04

/

理解层次

第三个维度：
"理解层次"，提升你人生的高度

"人类的困境源于人们往往在制造问题的层面解决问题。"也就是说，如果你的工作或生活中遇到困难，可以尝试从更高的层面去解决。如何才能从更高的层面去解决问题呢？什么是更高的层次呢？要回答这些问题，让我们先来了解一下"理解层次"。

理解层次是由美国 NLP 大学执行长罗伯特·迪尔茨，在英国人类学家格雷戈里·贝特森的研究基础上发展出来的工具。

简单来说，就是他发现人类的思考有六个层次，分别是：环境、行为、能力、信念、身份和灵性（见图 8-3）。

层次 1：环境

环境就是"在哪里"。

你们现在在哪里看这本书？在家里？还是在路上？这就是环境。

层次 2：行为

行为就是"做什么"。

你正在看书学习，看书就是一种行为。

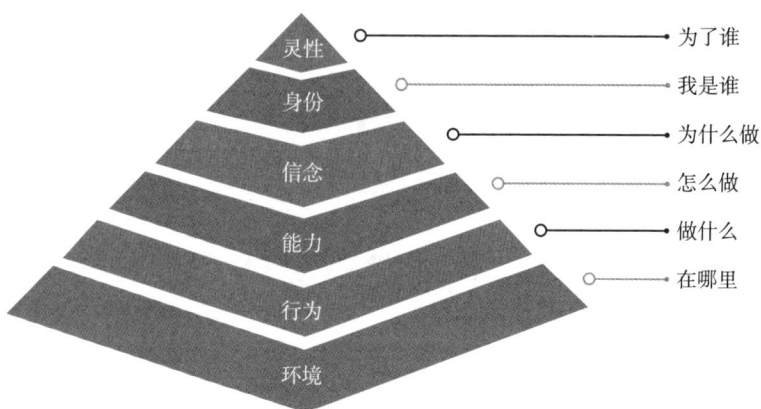

图 8-3 人类思考六层次

层次 3：能力

能力就是"怎么做"，用什么方法做，你拥有什么才华。

去哪里？做什么？怎么做？这是一般人都会考虑的问题。再往上就不是一般人会考虑的问题层次了。

层次 4：信念

信念就是你赖以行动的想法，是行为的指南针，是一个人的行为准则。

思考信念层面的问题通常会问："为什么？为什么要这样做？"当你问一个人为什么要做一件事时，得到的答案通常就是信念。

比如，你问一个人为什么学习？他的答案可以是"学习能改变命运""学习能提升自己水平""学习会让人生变得更好"，这些都是信念。要影响一个人，仅仅停留在行为层面是远远不够的，最好的方法是进入信念层面。那些伟大的思想家、作家、政治家都在信念层面影响人。

层次 5：身份

所谓身份就是"你是谁"？当你听到这个问题，你有什么想法？

你会怎么回答？这就是你的身份。

一个人的身份是随时都在变化的，比如，你在孩子面前是父母，在父母面前是孩子，在公司则是职员或者老板。一个人有很多身份，当你处于某一身份时，你只会思考这个身份的问题。举个例子，你想在家里当老板，老婆很可能把你一脚踢出门。在家里就做家里的事情，你的身份决定了你的信念，你的信念决定了你的行为。

要影响一个人，我们在身份层面给他设定一个框架，比在行为层面去约束他会容易得多。比如，在孩子教育上，帮他从小树立一个目标，孩子有了自己认定的目标时，他自然会约束自己的行为，在行为层面，我们就不用操心了。

公司经营也是一样，我认识一位 90 后创业者，他的企业非常特别，没有办公场地，不用上班，每个员工都在家里工作。一个只有十多人的企业，一年的营业额居然超过一个亿。我问他是怎么做到的，他告诉我，他们公司的每一位员工都是老板，所以，根本就不用管理。

层次 6：灵性

灵性就是"为了谁"？是一个人与他人及世界的联系方式。

所谓"灵性"层面，要回答的是一个"为了谁？"的问题，是一个人与他人、与世界的连接方式。我们看到很多伟大的人，比如特蕾莎修女，她为什么能够终其一生去回馈社会，我以前不了解，现在才渐渐明白：一个人心里装的人越多，胸怀越大，人生也会越广阔，能量也越大。

说完这六个层次，我们再来看一个经典故事。

故事的主人公是两个年轻人，一个叫约翰，一个叫哈里。他俩同时进入一家蔬菜贸易公司上班，半年后，约翰升任主管，而哈里却依然是普通员工。

哈里很不高兴，向总经理抱怨："我和约翰同时进公司，现在他升职了。而我每天勤勤恳恳地工作，为什么不能升职呢？"

总经理听后，说："这样吧，公司现在打算预订一批土豆，你去看一下哪里有卖的，回来再回答你的问题。"

半小时后，哈里急匆匆地回来汇报："几千米外的市场有卖土豆的。"

总经理听后问："一共几家卖？"哈里挠了挠头说："我刚才只是看到有卖的，没注意有几家，您稍等一会儿，我再去看一下！"

说完，他又急匆匆跑出去，20分钟后，喘着粗气跑回来汇报："一共有3家卖土豆的。"

总经理又问他："土豆的价格是多少？3家的价格都一样吗？"哈里愣了一下，又挠了挠头说："您再等一会儿，我再去问一下。"

说完就要往外跑，这时，总经理叫住他："你不用去了，帮我把约翰叫来吧。"

3分钟后，约翰来了，经理对他说了同样的话，"公司打算预订一批土豆，你去看一下哪里有卖的。"

40分钟后，约翰回来了，向总经理汇报："几千米外的集农蔬菜批发中心有3家卖土豆的，其中两家卖0.9美元一斤，只有一个老头卖的是0.8美元一斤。"他停了停接着说："我看了一下他们的土豆，发现老头家的质量最好，也最便宜，如果需求量大的话，价格还可以更优惠些，并且他们家有货车，可以免费送货上门。"

约翰停顿了一下又说："为了让经理您看看他家的土豆质量，我带回来土豆的样品，还把那老头带来了，就在公司大厅等着呢，要不要让他进来，具体洽谈一下？"

各位读者，如果你是总经理，你会给谁升职呢？为什么呢？

用理解层次的框架一比较，你就会一目了然了。哈里一直活在"行为"层次，领导让他做什么，他就做什么，领导没说的事，他就不知道主动去做。而约翰呢？他的框架在上三层，领导让他去看哪里有卖土豆的，他会考虑更多。

"领导为什么要我做这件事？"（信念层次）；

"如果我是领导，我还需要了解什么信息？"（身份层次）；

"我需要为领导做什么？（灵性层次）。

我们再来看看生活中常见的现象。

比如，有人说"今年经济不好，生意难做"，这个人在什么框架？

对，他在环境框架。如果你是他的领导，或者教练，你怎么帮助他？"如果在同一层次解决问题，就会陷入困境"，所以，我们可以从更高的层次帮助他解决问题，只要你设定一个更高的框架，让他在更高层面的框架思考问题就可以了。

我们可以从不同层次设置框架：

"你需要提升什么能力，在经济不好的年份也可以把生意做好？"（能力层次）

"当你这样想的时候，对做好生意有帮助吗？如果没有，能否换一种想法呢？"（信念层次）

"什么样的人才能在经济不好的时候把生意做好？"（身份层次）

"你要做什么样的人？你想成为一个知难而退的人，还是一个勇于挑战的人？"（身份层次）

"为了你的家人，为了你的团队，在经济不好的情况下，你需要怎么做？"（**灵性层次**）

很多人生受的苦，其实都源于在环境、行为、能力这三个层次里的挣扎。如果我们能够让自己的层次拔高一些，再思考："我为什么这样做？我是谁？我究竟为了谁？"这时你会发现许多问题也没有那么难。

你在雨天坐过飞机吗？飞机起飞前，从窗口望出去，乌云密布；可是当飞机穿越云层后，云端之上，晴空万里。

一个人之所以受限，很大可能是受到了内在思维框架的约束。提升自己的思维层次，站在更高的框架里思考、生活，你自然能拥有新的人生。

05

/

思想健身室

我们都知道，要锻炼身体，可以到健身房锻炼，那锻炼思想去哪里呢？

把"理解层次""位置感知""时间线"三个维度组合在一起，就变成了一个立体的三维空间（见图8-4）。

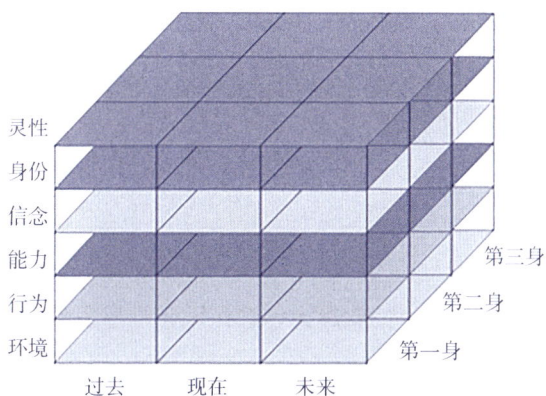

图8-4　人生的三个维度

当你能够对这三个维度保持觉察，在思考和行动的时候，能够看见自己所处的维度，你就有了重新选择的机会，你也一样可以成为一个高维度的人。

正如《三体》里刘慈欣所说的那样："高维度的生物对低维生物，就像人对蚂蚁一般，我消灭你，与你无关"，当然，我们并不需要去消灭谁，但我们正生活在一个充满竞争的社会中，如果提升维度不仅可以在竞争中脱颖而出，更重要的是，你会拥有一个你自己说了算的人生。

如果你想成为一个高维度的人，拥有一个自己说了算的人生，请完成本章功课。

1. 对照"位置感知法""时间线""理解层次"这三个维度，如实看看过去的自己所处的位置。承认是成长的开始，只有对过去保持觉察，才能对未来开放出改变的空间。

2. 试试在接下来的一周，刻意练习高维度人群的思考方式，并按照高维度人群的处事方式做事。也就是说，思考问题时，不仅从自己的角度出发，还要从对方的立场考虑。在时间框架上，试试从未来的框中思考，以终为始，从最终极的人生位置上做今天的决策。跳出过往的思维习惯，多想想为什么？我是谁？为了谁？透过这样刻意、有意的练习，你很快会成为一个高维度的人。

维度越高，生存空间就越大，选择机会就越多，你的人生就越自由。

如果你想身体健康，就要多到健身房锻炼，如果想提升思想的维度，不妨试试这个三维空间的练习。

第九章

圈层突破

01

/

"圈"的突破

英国导演迈克尔·艾普特拍了一部名为《63 UP》的纪录片，随机选择了 14 个不同阶层的孩子，从 7 岁开始，一直追踪到现在。63 年间，14 个人，从幼年到老年，影片记录了他们努力奋斗、成功或挣扎的故事。14 个人中，一位叫尼古拉斯的男孩，一个农夫的儿子，考上牛津大学，成为美国名校的教授，完成了人生的逆袭，其他的 13 个人，穷人的孩子依旧是穷人，富人的孩子依旧是富人，阶层在代际间传承。

这部纪录片呈现的事实很残酷，要突破固化的圈层，真不是一件容易的事。

但是，无论如何，突破还是可能的，不是吗？在《63 UP》记录的 14 个人中，不是有一位实现突破了吗？如果这部片子代表的是一个社会的缩影的话，至少有近 10% 的突破几率，我们为什么不去成为这 10% 呢？

有人说我是一个乐观主义者，我从一个吃不饱穿不暖的穷苦孩子一步步走到了今天，我相信明天还会更好，所以斗胆谈谈关于"圈层突破"的一点粗浅见解，但愿能给那些暂时生活在困局中的人带去一点希望。

教育影响生命

庄子在《秋水》中曾写过：

　　"井蛙不可以语于海者，拘于虚也；
　　夏虫不可以语于冰者，笃于时也；
　　曲士不可语于道者，束于教也。"

大概的意思就是——

不能和井里的青蛙谈论海，因为空间的限制；

不能和夏天的虫谈论冰，因为时间的限制；

不能和孤陋寡闻的人谈论道，因为教育的限制。

从这段话中我们可以看出，约束我们的有三个方面。

首先是空间，就像井底之蛙一样，它的眼界受制于它的生活空间；

其次是时间，很多人只看得到眼前的利益，"目光短浅"就是因为只局限于短期；

最后一点，就是教育。

教育是如何影响我们生命的，人生应该如何突破教育对我们的限制呢？

团长想从大家都关注的热点话题和大家聊聊。

甲："已经 2021 年了，为什么还有人信中医？"

乙："中医怎么了？中医确实治好了我亲戚的老毛病，西医脚痛医脚，诊断就是各种拍片子，老祖宗留下的宝藏，你不懂就别瞎说。"

甲："药理成分不明，作用机制不明，诊断技术也没有经过科学验证。中医就是伪科学。"

乙："你不要用年轻的'科学'框住古老智慧。跟你说不清。"

团长在这里并不想讨论谁对谁错，只是借这个经久不衰的争论让大家看到，我们生活在同一个时代，同一个国家，接受的几乎是同样的教育，可为什么对于同一个事件，却会有完全不一样的看法呢？

其实，不仅仅在学校里读书才是教育。我们每天接触到的人，交往的朋友，读过的书和文章都是教育的一部分。并且，这部分的教育比学校的教育对你的人生影响更大，因为它的影响时间更长，而且几乎无处不在，这些教育日积月累塑造了今天的你。

对于大多数人来说，根本就没有所谓"我"的观点，你认为的那个"我"，只不过是过去各种教育、信息堆积而成的集合体而已。

换句话说，你接触的人、读的书和文章，都在直接影响着你的思想和立场。

我们都知道，一个人的观点立场，决定他的行动，而行动会创造出结果。也就是说，我们今天的生活状况，是由过去的行动所创造；而我们的行动，由思想决定。简单地说，不同的思想创造不同的生活。如果你不满意今天的生活，最简单的方法就是改变思想；改变思想最简单的方法，就是改变圈子。

人如何影响人

为什么说改变生活圈子会改变我们的思想呢？心理学研究发现，大脑有三个特性。

节能性

美国亚特兰大大学曾做过一项研究，他们找了一批大学生来做一组金融类决策题目。做题过程中会用一个设备来监测学生的大脑活动。这些测试题中，A 类是专家给到建议的，就像我们买股票会有股评家的建议，B 类是没有专家建议的，需要学生自己思考作答。

结果研究人员发现，当做到 A 类题目时，大多数人会直接选择专家建议的答案。监测仪器发现，当学生面对 A 类题目时，大脑中负责思考的区域是不活跃的，而在做 B 类题目时，这些学生的大脑就会非常活跃。

在这个实验中，心理学家发现，人的大脑有一种"节能"的功能，在不涉及生存威胁的时候，能偷懒就偷懒，这就是我们为什么那么容易听从别人建议的原因。

趋同性：个体 VS. 群体

哈佛大学曾经做过一项实验，让一组男同学给一组女同学的照片评分，也就是"选美评比"。男同学们给每张照片打完分后，专家会给出该图片的平均分——这个平均分是假的，但男同学们并不知情。

实验者用仪器监测男同学的大脑时发现，自己的评分对比专家给出的平均分，如果两个分值接近，大脑中的奖励神经就会很活跃；但如果两个分值出入比较大，这个神经就没那么活跃，被监测的男同学会流露出挫败感。

人是群居动物，当自己的观点和群体一致时就会有归属感；在与群体不一致时，人会自动调节，尽量让自己的观点和所在群体保持一致。

所以，回看前文的例子，你的观点很有可能是你为了趋同你所在的群体而产生的，并没有一个所谓的"你"在做出决策。

一致性：认知 VS. 行为

有个社区需要业主参与志愿劳动，但是，很少有业主愿意主动做义工。

于是，社区工作人员想了个办法，先做了一套"准备工作"——挨家挨户发调查问卷，问卷包括一些很简单的问题，其中有一条是："你是一个热心公益的人吗？"基本每一个住户都选择"是的"。

有了这份"承诺"，接下来的事情就好办了。一周后，义工再度登门，对业主说："您好，上次填表的时候我们发现您是一个热心公益的人，现在我们社区需要做一些公益活动，想招募一些义工，现在郑重邀请您参与这个活动。"

有了之前的铺垫，现在发出的邀请，成功的可能性就大幅提升了。

这就是大脑的另一个特性：一致性！

当你表达了一个观点之后，随后的言行就倾向于跟这个观点保持一致，如果不一致，就会产生不协调感和愧疚感。所以，一旦认同了某一观点，后面的行为就都会跟这一观点保持一致。

人会受人的影响。

更容易受影响的是老师与学生的关系。在心理界工作了 24 年，我发现了一个十分有趣的现象——什么样的老师带出什么样的学生。

在心理界有一位老师，个性十足，喜欢自由，不喜欢被束缚，跟平台的合作性极差，基本上没有一家公司与他合作超过 3 年；他的婚姻也是一样，据我所知的太太就有四位之多，我猜我不知道的还有很多。我留意到他的学生离婚率非常高。还有一位老师，是个独身主义者，一辈子不结婚，喜欢一个人生活。他的学生中有很大一部分是独身主义者。

张国维博士是一位婚姻美满、子女成材的心理学导师，他的三个儿子都是博士。受他的影响，他的学生大都家庭幸福。

至于团长，我是个爱财之人，曾经经历过贫穷，通过自己的努力从一个穷小子走向财富自由。因此，认同我的人一般都会向往财务自由。

跟什么样的人在一起，你就会成为什么样的人；跟你在一起的人能做什么事，你也能做什么事。

人与人是相互影响的，既然我们无法避免受他人的影响，为什么不主动去选择被谁影响呢？请慎重选择你的交往对象，因为他们会影响你的一生。

如何选择"朋友圈"

我曾看过一个 TED 演讲《怎样遇见那些能够改变我们一生的人》，组织心理学家唐雅·梅农提及一个有趣的理论——弱连接。那些改变你一生的人就是那些与你有"弱连接"的人。因为物以类聚，人与群分。那些保持"强连接"的人一般都是与你信念差不多的人。萨提亚认为，人因相同而连接，因不同而成长。那些你不常联系的人，甚至那些你讨厌的人，他们的信念与你有很大的不一样，跟他们接触，可以打破你原有的信念，从而打破你的圈子。

既然一定会受到圈中人的影响，我们为什么不有意识地选择交往的圈子呢？与其把时间花在"损友"身上，不如选择"高质量"的朋友圈。如果你想过上不一样的生活，下面几个建议不妨尝试一下。

看清现在的"朋友圈"

看看自己平时主要交往的对象是什么样的人，问问自己："他们的生活是我想要的吗？"

想过什么样的生活，就去"结识"什么样的人

想过怎么样的生活，就需要你有意识地去寻找这样生活的人。比如你想环游世界，和总是待在家里的人交往，是不可能环游世界的。你要寻找经常在旅途中的人，并创造机会像他们一样迈开腿，"成为"你想成为的人。

小心你的阅读，和作者保持对话

教育不光来自"人"，也来自我们看的"书"。碎片化时代，阅读的内容也包括公众号的文章或短视频。据统计，我们每天盯着手机的时间超过 6 小时，手机里的信息对人大脑的影响甚至超过了和你交往的人。

看文章的时候，不要只是看那些热门的"爆文"，并一味偏信，要用一种"和作者对话"的方式，在对话的过程中，产生思想共鸣，而不是被操控。

如果你想突破你的圈子，不妨花点时间完成下面的功课。

1.**觉察**：回顾过去一年，按交往时间由多到少顺序，列一个交往
对象清单。从清单中你可以清楚地看到你正受哪些人影响。

2. **突破**：你想成为什么样的人？在接下来的一周里，积极主动地
接触这样的人。吃吃饭、喝喝茶。当然，如果你不认识这样的人，
没办法跟他接触，你可以看他的书或者其他形式的作品。

以团长为例，我不认识南怀瑾先生，但南老是对我一生影响很
大的人，因为我反复读了他很多作品，他的思想深深地影响了我的
人生。现在是互联网时代，你很容易找到你喜欢的人的资料。如果
你真的用心，对于大多数人来说，"认识"他也并不是一件难事。

当然，那些会让你实现突破的人，很多时候会让你感到不舒服。
就像某些水果一样，比如榴梿，一开始我对它的怪味非常抗拒，但
如今却成了我最爱的水果之一。如果当年我不给自己尝试的机会，
也许此生都品尝不到榴梿的美味，那岂不是人生一大憾事？

食物如此，人也一样，有一些人一开始接触时，也许会像榴梿
那样，他的某些特点会让你受不了，但如果你愿意开放自己，给自
己和他人一个机会，或许他就是你此生的"贵人"。认识一个人，有
时足以改变一生。

"作了茧的蚕，是不会看到茧壳以外的世界的。"所以，想过什
么样的生活，请主动去和正在这样做的人交往吧。

02

/

"层"的突破

摆脱"拥挤"人生

首先声明，我非常尊重"众生平等"，但我们不得不承认，人是活在不同层次中的。今天所说的"层"，是社会意义上的"层"，并非哲学意义上的"层"。

大多数人心里也许会想，等我有钱了，就能够过"上层"的生活。可是，这是真的吗？我女儿在离家不足2千米的学校读书，可短短的路程却让我苦恼不已。因为接女儿放学时，2千米的路往往要走上1个多小时。因为不少接孩子放学的家长将车辆随意停靠，有缝就挤，这一挤，就把路给塞死了，交通警察也无可奈何。这样的画面在中国大部分城市都很常见，那些开着豪车却在马路上左冲右突、见缝就挤的人，我不认为是"上层人"，因为他们同样为了某种焦虑而疲于奔命。

或者你会说："没办法啊，车多路窄，资源贫乏，不抢不行啊。"真的吗？在可以预留位置的机场、剧场等地方，还是到处可见"去抢、去挤"的场景，人们到底在抢什么？挤什么？

拥有金钱的数量，并不是决定你的人生是否"拥挤"的关键。相反，总有另一些人，他们并不是很富有，却活得轻松惬意。

我来跟大家分享一个普通人的故事吧。

在过去 24 年的心理教育工作中，我认识了不少各个领域的精英人士，当然，其中也不乏富人。但绝大多数富人的生活都不是团长羡慕的，因为他们中的大多数并没有时间享受财富。对于大多数人而言，努力工作、努力赚钱就是人生的全部。可是，我有一位叫黄伟松的朋友就不一样了，他总是优哉游哉，我经常与他在各种课程中相遇，他不是在游山玩水，就是在修身养性，好像不用工作似的。他的人生宗旨让我十分喜欢："在享受生活的同时，顺便把钱赚了。"至于他是怎么做到的，我在新书《会赚钱的人想的不一样》中有详尽讲述，这里谈的并不是赚钱，我们讲的是如何提升生命的层次。

如何才能提升自己的层次，活得轻松自如呢？

《伊索寓言》里"蚂蚁与蝈蝈"的故事大家还记得吗？

在一个炎热的夏天，一群蚂蚁正忙着搬运食物，他们干劲儿十足，累得满头大汗也不肯休息。路边凉爽的树荫下，一只蝈蝈正悠闲地弹着吉他，唱着歌。蝈蝈见蚂蚁这么辛苦，很是奇怪，问道："你们大热天的不休息，忙着搬运食物做什么呢？"蚂蚁回答说："我们正在储备过冬的食物呢！"蝈蝈听了大笑起来，"哈哈哈哈，冬天？冬天还早着呢，你们真是太傻啦！"蚂蚁不高兴了，"到了冬天再找食物就来不及了，你现在贪玩不劳动，冬天就等着挨饿吧！"说完，匆匆走了。

蝈蝈依旧整日弹着吉他，唱着歌，丝毫不把蚂蚁的劝告放在心上。转眼，秋天来了，蝈蝈还没有开始准备过冬的粮食，他总是说：

"冬天还早着呢！"终于，冬天来了，一场大雪过后，蝈蝈再也找不到可以吃的东西了。几天下来，他又冷又饿，哆哆嗦嗦地缩成一团，心想："还是去蚂蚁家借点吃的吧。"他在冰天雪地里挣扎着来到了蚂蚁的家门口。"砰砰砰"敲开门，哀求着："蚂蚁大哥，给我一点吃的吧，我……我快饿死了！"蚂蚁说："夏天的时候，你就知道唱歌，现在挨饿了吧！"蝈蝈低下头，小声说："蚂蚁大哥，我错了……"蚂蚁很善良，他还是借了一点粮食给蝈蝈。蝈蝈扛起粮食，惭愧地离开了。从此以后，蝈蝈也像蚂蚁一样，早早地开始准备过冬的食物。

这个故事让我们相信只有像蚂蚁那样辛苦工作才是对的，于是，我们大多数人都活得像蚂蚁一样，不仅自己辛苦，还在嘲笑轻松唱歌的蝈蝈。

蝈蝈之所以能够在炎热的夏天弹着吉他，唱着歌，是因为它拥有翅膀，可以展翅高飞，一只能够腾空而起的昆虫都能获得更多的资源，何况是人呢？所以，想过上轻松惬意的生活，最好的方法是让自己上升一个层次。

当然，团长并不反对勤劳，勤劳是一种美德。我只是反对一味埋头苦干，不抬头看路式的勤劳，因为这样的勤劳效率太低。

我也并不是鼓励大家追名逐利，因为团长心目中的上层人，并不是那些传统意义上的有钱人或是那些位高权重者，而是那些活出生命意义，为社会创造价值，值得大众尊重的人。

怎么理解人的社会层级

我有一位朋友许源桐先生把人分为"奴、徒、工、匠、师、家、圣"七个层级。在这里，我想借用他的分类法让大家对人的层级有一个参考。

层级1：奴

"奴"属于"不得不做"的一群人。在非自愿的状态下为了生存而工作、生活，心中充满了抱怨，总认为人生有一股无形的力量把自己束缚住，就像活在一个无形的囚笼里，郁郁不得志。房奴、车奴，皆是如此。

层级2：徒

"徒"是学徒，是成长的筑基阶段，虽然暂时能力不足，但知道自己要什么，愿意学习和成长。"奴"与"徒"的区别在于——奴是"不得不"工作，而徒却是"自愿、主动"地学习和工作。

层级3：工

"工"是社会的主要群体，他们有能力按规矩把事情做好，能够养家糊口，可以凭自己的能力立足。

层级4：匠

"匠"有手艺，做事精益求精，尽善尽美，勇于创新，是业界精英。"匠"不光自己把事情做好，更重要的是愿意收徒授艺，传承绝学。

层级5：师

在"匠"及以前的几个层级，焦点都在事上，从"师"开始，不仅关注事，重点关注人。《礼记·文王世子》曰："师也者，教之以事而喻诸德者也。"也就是说，师者，不光要自己有能力，而且还愿意把自己的技术或学问传授给别人，不仅教人做事，还在唤醒人们的内在优良品德以及智慧。"师"与"徒"相对应，正因为有"师"的存在，才能有"徒"的成长。

层级 6：家

慈悲为怀，心怀大众，通过努力不仅实现了自己的理想，自成一派，还成了众人追随的偶像，成为行业典范，具有强大的繁衍能力，能把自己的成功模式复制给更多的人，为社会创造巨大的物质财富和精神财富。

层级 7：圣

这是人生的最高层级，《说文》解释为："圣，通也。"那些生前为人类做出巨大贡献的人物，死后常被尊为"圣人"，比如孔子。

一个人能否站上更高的层级，并不取决于他拥有多少财富，也不看他的权力有多大，如果他的心是不自由的，权势与财富再高再多，还是受外物掌控，被无形之力所缚。比如，在大热的电视剧《人民的名义》中，一个官员明明已经做到了市委书记，贪了几个亿都不够，别墅里的冰箱、床底下都被现金钞票塞满，但是给家里的老母亲每个月生活费只有 2 000 元。他说自己这么贪是因为"穷"怕了，其实他穷的不是物质，而是内心。内心的匮乏，让他们变为利益的奴隶，在利益的驱使下，他们把自己的利益建立在国家与人民的利益之上。这样的人，只不过是一个"官奴"罢了。

"德不配位，必有灾殃。"即使偶然占据了高位，也不能说明你处于社会的高层；同样，就算生活在平常百姓家，也并不说明你就处于社会的底层。

"层"的突破

那如何才能突破自己原有的圈层，走向人生更高的层级呢？除了上一节谈的"圈"的突破外，我们再来看看"层"的突破。

我们先从整个动物系统来看层级的形成。《人类简史》中提及一个观点："相较于其他生物，人类的身体并没有什么优势。速度比不上草原的狮子，力气比不上大象；不能在天空飞行，也不能在水里畅游；没有毛皮抵御寒冬，也没有爪子对抗野兽。但人类之所以能够跃居食物链顶端，是因为人类发展出超强的大脑，能够使用工具，并发展出了语言，透过语言可以与其他人合作。一个人不是狮子的对手，但一群人联合起来，就能把狮子关进笼里。"

合作，让人类站上了食物链的顶端。只要有系统，就一定有层级。而高层级的存在，可以协调低层级，让低层级成员之间能够更好地合作。在同一物种中的情况也一样，就像狼群有头狼，狮群有狮王，就是为了更好地协调种群之间的合作，获得更有效的生存资源。人类也不例外，不用说一个国家，就算是一家企业，领导这个层级的存在，也是为了协调其他层级之间的关系，让组织发挥更高的效率。

什么样的人才能站上更高层级呢？从上面的描述中可知，就是那些有能力协调组织成员，能够让成员之间有效合作的人。什么样的人才有这样的能力呢？或者说，怎么样才能拥有这样的能力呢？

"行者心之发""上行，下效，存乎中，形于外"，也就是，外在的层级只是内心状态的呈现而已。

我们再回到前面谈过的"奴、徒、工、匠、师、家、圣"这七个层级，这七个层级的内在有什么规律呢？我们把这七个层级放在由"胸怀"与"需求层次"这两维空间的坐标中，你便可一目了然。(见图 9-1)。

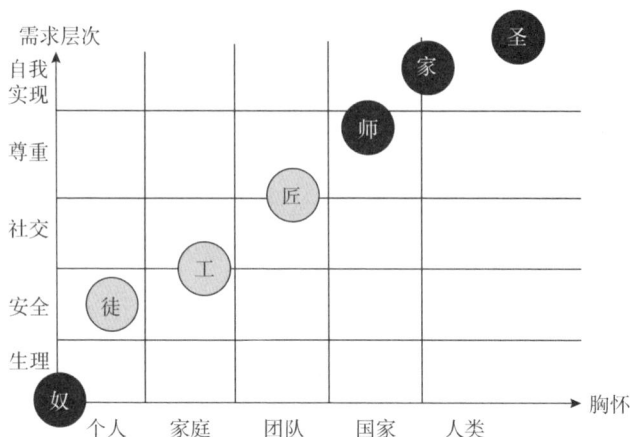

图 9-1　人生层级

我们从纵坐标上看，不同层级的人，他们的心理需求层级不一样。低层级的大部分追求都是生理以及安全的需要；而高层级更多追求自我价值实现，让自己的人生活得有价值，同时为社会创造价值。

从横坐标上看，不同层级的人，他们的胸怀不一样。所谓胸怀，就是俗称的"格局"。一个低层级的人，他们心中只有自己。随着层次的提升，他们心中容纳的人、事、物越来越多。

一个心中只有自己，只想着满足自己生理及安全需求的人，如何协调组织成员之间的协作呢？有什么能力去到更高的层级呢？为更多人、大众创造价值的人，更有机会走上社会的更高层级，这也许就是中国古人说的"德不配位"中的"配位"吧。

既然外在的层级是内在成长的呈现，突破现有层级的最好方法就是先提升内在的层级。生命的成长有三个阶段。

第一个阶段，叫作"外求"。个体一直活在物质的世界里，被物质假象迷惑，用全部精力去追求财富名利和欲望，直至身体消亡；

第二个阶段，叫作"内修"。个体开始明白物质等外物皆为人所用，逐渐脱离部分物质控制，开始回归到生命本质，懂得花时间去修复、还原自我的身体和心灵；

第三个阶段，叫作"自由"。个体在这个阶段终于了悟到一切遇见的人、事、物，都是为了完成这一辈子的圆满，没有好与坏，没有对与错，看清楚了自己经历的一切痛苦都来自头脑的判断分别，再也不为一切所扰，没有了执着、痛苦，体会到了真正的幸福和快乐，做到"物来则应，物去不留"，达到心灵、生命的自由。

一个人往更高层级上升的过程，其实就是心灵成长的过程。一个内心匮乏的人，如果上升到更高层级，只会带来德不配位的"灾殃"。只有内心的富足，才能积累上升的资粮。

从"外求""内求"到"自由"的这条成长之路，大致可以采用如下方法。

1. 疗愈内心的创伤。内心的匮乏，大多源于成长经历中的创伤。随着医学技术的发展，现在大多数身体上的伤害都可以疗愈，心理上的创伤也一样。

2. 有意、刻意、故意地放大自己的胸怀。考虑问题时试着把更多人考虑在内，提升思考问题的维度，把"总想着自己"的旧习惯打破，从更大的范围看事情，自然可以做到"我好、你好、大家好"的多赢效果。

3. 努力提升自己的能力。当你有能力为身边的人提供价值时，自然可以上升到更高的层级，因为你的需求已经从满足自己上升到自我实现了。

4. 学点心理学知识。"知人者智，自知者明"，既然高层级的诞生是为了协调原有层级的成员关系，一个高层级的人必然拥有协调人的能力。协调人的最合适学问就是心理学，只有了解自己才能了解别人，只有了解别人才能有效地协调他们的关系。

如何提升协调的能力

讲到这里，我相信大家已经明白了，一个高层级的人首先是心理健康的；其次就是心怀大众，能协调大众关系，并在为大众服务中实现自己价值的人。关于心理健康，团长在前文已反复呼吁大家去疗愈自己过去的创伤，不再赘述，现在重点谈谈协调他人的能力。

能够协调原有层级成员的关系，是上升到更高层级的必修课。如何才能协调人与人之间的关系呢？

1. 看见：当你能看见双方的立场、局限时，你已经站在了一个更高的位置。一般的争论都是盲人摸象式的争论，一个人摸到大象屁股，说大象是一种又粘又臭的东西，如果你是一个爱大象的人，你会不会很生气？可是，你能说他是错的吗？那确实就是大象的一部分，难道不是吗？同样，被网络键盘侠攻击时，你会有什么反应呢？他们只不过未识全貌而已，有什么好生气的呢？当你能看到这一点时，你就会无视此类问题。

2. 当你能看见时，协调就变得简单了。先要肯定双方都是对的，就算行为不对，其正面动机也是对的。然后用你的方法带领双方看见对方的立场和正面动机。

3. 最后，在满足双方需求的前提下，寻求一个双方都能满意的方案。

这就是协调。你能够协调的人越多，你的层级就会越高。当然，你能协调的人的层级越高，你的层级就更高。先从你身边的人开始，因为每个家庭都有冲突，比如婆媳关系等；每家企业也有冲突，你能协调两个不同部门之间的冲突，你就可以成为经理；如果你能协调两家公司的冲突，你就会成为集团公司的领导。

所以，奴、徒、工、匠、师、家、圣，你现在在哪里并不重要，重要的从来不是现在的起点，而是你愿意从"徒"开始，走上一条学习成长的道路，接纳自己的匮乏，通过学习不断觉察自己、丰富内在。你的内在丰富了，自然能够协调他人；拥有足够多的力量支持他人，就能拥有自己的团队；而有了团队，你才能在外在获得更多的成就，走上更高的层级。

如果你想人生有所突破，上升到一个更高的层级，请完成下面的功课：

1. 选择练习对象：从你的身边选出那些有矛盾的人，可以是亲人，可以是企业中的同事。用"盲人摸象"的原理去"看见"他们的矛盾，当你能"看见"矛盾双方都是摸象的"盲人"，他们只是"看见"了问题的一部分时，你在"看见"的那一刻，已经站在了更高层级。

2. 协调：带领双方去"看见"他们原本没看见的部分，"看见"对方的正面动机，然后，尽量去寻找一个能满足双方需求的解决方案。

　　当你能够这样做，至少表明你已经是心中有爱，目中有人的人，因为你能够为他人提供价值，并且在为他人提供价值的同时，实现自己的价值。这样的你既有胸怀，又有价值，你不就是高层级的人了吗？

　　很多人热衷竞争，小到插队大到玩弄谋权，把自己弄得疲惫不堪。与其这样疲于奔命地生活，不如开始尝试走上内心富足的旅程，只有这样，才能做到真正意义的圈层突破。

　　向上的路从来不拥挤。

第十章

人生剧本

01
/
"爱情"的剧本

在我写的婚姻书中，有一个真实的案例。

与众多夫妻不同，胡女士是一个人来做个案的，一次在外地的企业培训课堂上，当我讲到"一个人生命中那些重复出现的事情，就是一个人的模式"时，她私底下找我，说她发现自己有一个模式，让她十分痛苦。

她今年快 40 岁了，一直没有结婚。

她说："团长，我谈了很多次恋爱了，每一次分开都是差不多的原因……"

我问是什么原因，她说："对方都是有妇之夫。"

她相处了三年多的男友一直不肯离婚，她不甘心长期做"小三"，但对方总是用各种理由拖着不离婚。

"如果这次结不成婚，我不会再结婚了"，她绝望地对我说："这已经是第三次了，每次分开都像死过一回，我再也经不起折腾了。"

一般来说，在讲课期间我是不接个案的，因为讲课不仅是个脑力活，还是个体力活。但这个个案很特别，虽然有点累，我还是接了。

胡女士很漂亮，身边一定不乏单身的追求者。可是，也不知道为什么，她总能在工作时、出差时"捡到"各式各样的已婚男。当然，让她心动的男人都相当优秀。她现在这一任男朋友我认识，因为后来她把他也送进了我的课堂。如果不是胡女士告诉我，我都看不出这是一个"花心萝卜"。这位男士不光事业有成、稳重大方，而且思维敏捷，对于他从未接触过的心理学知识，一点就通，我十分喜爱这种有才华的学生。

胡女士说，这些男人都说她才是生命中的挚爱，说家里的母老虎让自己痛苦。虽然他们大多数时候都会跟她在一起，但是，一到那些重要的节日，他们一定要回家，要陪在太太、孩子的身边。别人每逢佳节倍思亲，她每逢佳节必烂醉，否则她都不知如何打发那些痛苦的时间。

她为了钱吗？不是！她根本不需要花男人的钱，因为她的事业相当成功。那是为了什么呢？

"当然是因为爱情！"她毫不犹豫地回答我，至少她自己是这样认为的。

如果偶然一次遇上这样的男人，可以说是运气不好。可是，为什么连着三次都是爱上有妇之夫呢？这种"爱情"的背后，是否藏着某种秘密？

我知道，生命中要是反复出现同样的模式，一定是以前种下了某颗种子，生命中之所以会反复出现同样的问题，只不过是种子在结果而已。

带着好奇，我用时间线回溯的方法，带她回到自己的童年。

原来，胡女士出生在一个重男轻女的家庭，她一出生就被送到乡下的爷爷奶奶家。父母后来又生了两个弟弟，更没精力照顾她了。

爷爷奶奶年纪渐渐大了，也没办法照顾她，又把她送到了舅舅家。舅舅对她还好，但她终生都忘不了舅妈嫌弃的眼神。

一个一出生就让父母失望的孩子，一个总被家人遗弃的孩子，她最大的恐惧是不被需要。当有人需要她时，就是她最幸福的时候，也是她的生命最有价值的时候。

有些事业有成，各方面都优秀的有妇之夫，他们在事业上可以指挥千军万马，在公司受到万人拥戴，可是，他们的太太却未必会把他当一回事儿。最优秀的人也会有缺点，如果这些挥斥方遒的成功人士家里有一位总是挑毛病的妻子，他们在家里的日子可想而知。

而胡女士这种从小就被遗弃的孩子，被生活训练出一种十分敏感的特质——擅于感受到别人的情绪需要。当她知道她心目中偶像级别的男士被"欺负"时，自然会送出母爱般的温暖，而这份温暖正好是这类男士的需求。于是，干柴烈火一点就燃，这就是大多数相似"爱情"的剧本。

很多人都会认为这些插足他人家庭的女人是坏女人，但以团长的经验来看，虽然不排除有这种情况，但大多数并不是坏女人，她们只是"病人"而已；而那些男士也并不都是色鬼，很大一部分人只是情感缺失的可怜人。

可是，既然双方都恰好满足了对方的需要，为什么胡女士的三次"爱情"都没有好的结果呢？很简单，那些男士都是某个领域的成功人士，智商过人，利弊得失都能算清楚，他们怎么会牺牲家庭，舍去辛辛苦苦赚来的财产呢？所以，像胡女士这样的爱情，只不过是他们的"外卖"而已。

　　听完这个案例，我想大家都会对胡女士的命运感到唏嘘，一个年轻貌美、事业有成的人为什么会一而再、再而三地陷入"爱情"的迷局呢？很多人会把这归结为命运，但什么是命运呢？"命运"这个词太大，团长不敢乱讲。但在这个案例中，决定胡女士行为选择的是她的自我价值。

02

/

自我价值：一个人的人生剧本

为什么自我价值可以影响一个人的婚姻？自我价值不仅会影响婚姻，它还会决定人的一生，因为自我价值就是一个人的人生剧本。

我们讲过，自我价值是对哲学问题"我是谁"的回答。那么，我是谁呢？

我们先从名字开始。

你问我："你是谁？"

我会回答："我是黄启团。"

可是，"黄启团"是我吗？显然不是，"黄启团"只是我的名字而已。

养过宠物的朋友都知道，一般人养宠物，都会为宠物起个好听的名字，比如我女儿养过一只猫，起名叫"豆豆"。一开始的时候，小猫并不知道自己就是"豆豆"，可是当你一遍遍地叫它"豆豆"，它就知道自己便是"豆豆"。这个把"豆豆"认同为自己的过程，就是"自我认同"。宠物如此，人也一样。

我们不仅会把名字认同为"我"，我们还会把很多东西认同为"我"。

比如社会角色。

一个做惯了领导的人，会认为我就是领导；

一个做老板的人会认为，我就是老板；

一个生活在社会底层的人，会认为自己就是个卑微的人……

社会角色并不是"我"，我们来看看这样一个场景。

两个演员在拍电影时，一个演好人，一个演坏人。在戏中，他们打得你死我活，相互憎恨。可是，拍完戏，脱掉戏服后，他们会在一起吃饭，相互欣赏，甚至还会相互赞美："你把戏中那个坏蛋演得实在太好了！"

可见，角色并不是"我"，只是我的一件外衣而已。

除了名字、角色这些比较直观的称谓之外，自我认同还有很多抽象的表达，是不易觉察的自我认同。

比如，如果一个人的父母从小就一直对孩子说——

"你是个善良的孩子。"

"你有领导的天赋。"

"你是画画的天才。"

"你的歌唱得很好听。"

只要重复的次数足够多，就像小猫认同自己就是"豆豆"一样，孩子也会认同自己就是善良的人，是领导，是画家，是音乐家。

但是，很多父母没有学过心理学，不知道什么叫"自我认同"，经常会带着情绪给孩子赋予另一种身份——

"你就是个废物。"

"我生个叉烧都胜过生你。"

"你让我丢脸。"

"你就是个负累。"

这些话听多了之后，孩子也会慢慢接受自己真的就是个废物的

"事实"，认为自己不够好，不配得到美好的生活。就算他的意识不承认，他的潜意识也会这样认同。

一个人一旦接受了对自己的这些评价，就会像一个人的名字一样内化成生命的一个部分，成为生命的剧本，用一生时间把这些自我认同活生生地在生命中呈现出来。

自我认同不仅是从言语中接收，更多是从体验和经历中接收的。

胡女士就是一个很好的例子，也许她的父母并没有亲口说过她"不够好"，但她一出生就被交给爷爷奶奶，再辗转到舅舅家，这样一段经历在她幼小的心灵里留下了一个自我评价——"我不够好，所以父母才不要我。"

一个人对自己的评价为什么会决定人的一生呢？

有一部很火的电影《我不是药神》，我想大多数朋友都看过。这部电影讲述了神油店老板程勇从一个交不起房租的男性保健品商贩阴差阳错成为"药神"的故事。我看过关于这部电影拍摄的一些花絮，导演告诉主演程勇在影片前半部分的定位就是个烂人，但在后半部分是个英雄。男演员将这个角色的转变表达得活灵活现。

电影如此，我们的人生也是一样。如果你把自己定义为烂人，就算你没有演员那么好的演技，你还是会把自己变成烂人；反过来，如果你从小就认同自己是个英雄，就算你没有能力成为大英雄，至少也会成为小英雄，因为，英雄，就是你的人生剧本。

自我价值是一个人自己对自己价值的主观评价，这个评价包含了你认同自己是一个怎样的人，这个自我认同就像人生的剧本一样，决定了我们的一生。自我价值就像种子的基因，里面写下了《你将活成一个怎样的人》的所有剧本。

自我价值这么重要，如果我们写下了不好的人生剧本该怎么办呢？难道我们的一生只能这样吗？

当然不是，改变人生剧本就像改个名字一样。只要你愿意，你可以重新认识你自己，改写你对自己的评价。只要你能够改变你的自我价值，你就能改写你的人生。

如果你对你的过去不满意，希望换个人生剧本，请先完成下面的功课。

1. 觉察：到目前为止，你认为你是一个怎样的人？你给你自己的人生曾经下过怎样的定义？
2. 改写：请你想象，在自己百年以后，你的孙辈要写一篇人物传记，题目叫《我的爷爷（或奶奶）》，用孙辈的立场，讲述你自己的人生。当然，主要是描写你未来的成就，因为过去也没什么好写的。想象你的未来发生了哪些想要的改变，过上了你想过的人生，然后用孙辈的口吻把它写下来，成为自己的传记。

不是只有为社会作出巨大贡献的人才有资格著作立传的，你也有。因为你的未来有足够的时间为社会作出贡献，你的未来还没有发生，有无限的可能性。

只要你愿意，未来的剧本完全可以由现在的你来书写。你不写，你人生就只好让别人来写了。

自我价值是主观的，它就像一块肥沃的土地，你种什么，就会长什么。你什么都不种，那一定会杂草丛生。你的土地上长出的是鲜花还是杂草，全凭你自己这一刻的决定。

03

/

玻璃心是如何形成的

这一课我们来看看自我价值不足的人有哪些具体表现。

1. 脆弱、玻璃心

我曾经带过一名编辑，是一位挺有才华的女孩子。可是每当我说她的文章选得不好，或者对她写的文章提出修改意见时，我就能从她红红的眼圈中看到快要崩溃的情绪，然后在她的朋友圈里就能看到一段幽怨的文字，仿佛一件精致的玻璃艺术品，稍不小心就会碰碎。我每次面对她都得小心翼翼，生怕一不小心又碰到她的某个"开关"，让她受伤。

《南方都市报》曾刊登过一篇新闻，因朋友抢着埋单，一名欧姓男子竟然把朋友打到昏迷。欧姓男子不仅被朋友告上法庭索赔13万，还有可能面临牢狱之灾。朋友之间抢着埋单本是礼貌之举，可欧某为什么会把抢着埋单的朋友打致昏迷呢？且看欧某的理由："他说他大把钱，不怕他没钱。语气嚣张，看不起人。"这个理由你觉得荒唐还是有共鸣？你是不是也有类似的经验？曾经因为别人看不起你而愤怒？

不管是向外攻击还是内心委屈、伤心，都是因为别人的某个行为给自己造成了伤害，把他人的行为解读成"你看不起我""这是专门针对我的""你伤害了我""你不理解我""你不喜欢我"……当自己感觉到被别人伤害时，若认为自己有能力战胜对方，就对外攻击；若觉得自己不是对方对手，就委屈、难过，仿佛把自己人生的遥控器交给了他人，让别人的行动决定自己的情绪和反应。

你是不是也有类似的经历？或者你身边是否有这样的人？他们的心好像是玻璃做的——作为家长，他们为孩子掏心掏肺，可是孩子的某个行为就能让他们暴跳如雷或伤心欲绝；在亲密关系中，他们要求另一半处处满足自己的要求，稍有偏差就觉得对方不爱自己了；在职场上，他们受不得批评，无法面对不同的意见；在社会上，他们非常在意别人的评价，别人的一言一行都在影响着他们的脆弱神经……

这就是自我价值不足的典型表现——内心脆弱，在意别人的评价，怀疑自己，觉得自己不够好，以自我为中心。

除了这些经典的表现，还有如下不同的表现。

2. 缺乏安全感

说到安全感，让我想起多年前在美国遇到的一位网约车司机，他的故事值得我们好好品味。

因为语言的关系，在美国打车时特别害怕司机来电话，怕说不清自己在哪里。没想到首次用优步叫车，我就遇上了一位华人司机。一来因自己的英文不太好，二来感觉他跟大多数司机不太一样，有一种说不清、道不明的洒脱感，所以，我在美国期间用的都是他的车，也因此跟他有了半个月的缘分。

因为要拜访很多心理学的同行，我们在美国的行程安排得非常满，只有一天时间没有安排商务活动。加州1号公路的风景非常美丽，我们打算在1号公路上玩一天，于是我们问他可不可以包车一天。

他毫不犹豫地接受了邀请："那可是《国家地理杂志》五星推荐的地方啊！"，接着他想了想，说："要玩就玩得尽兴一点，我带你们去看一些游客看不到的地方。我五点一刻来接你们吧，下午看完日落再回来。"

同伴们交换了一下眼神，我知道大家的意思，这样满当当的行程，这位司机可还没报价，万一他来个狮子大开口呢？虽然我感觉他不是这样的人，但没谈妥价格，终究心里不安。

见我们没有接话，司机了然一笑，说："放心，价格还是一天包车的正常价格，早点晚点我都不会多收你们费用的。"

大家松了口气。

这位网约车司机不拘小节的洒脱，很是吸引我："还有人是这样的性格啊。"后来，我才知道，他可不是天生如此的。

到了约定的时间，那位司机果然候在酒店门口。我们上了车，一行人直奔1号公路。

一路上阳光灿烂，潮湿的海风带着海的咸腥味吹在身上，耳边是太平洋拍打海岸的喧闹，让人无比放松。一到可以停车的地方，大家都迫不及待地下车观景。而那位司机从后备厢里拿出一架无人机，说："难得大家这么高兴，我给大家拍段视频吧。"

同伴之一的大刘对无人机颇有研究，立刻跟了上去："哟嗬，你的这架飞机还真不赖呀。"

"那是，我可是专业级的。"之前的云淡风轻不见了，司机的眼睛突然亮了。

"你是专业玩家吗？"大刘的声音都不一样了。

司机微眯了眯眼睛："我还是资深的呢。来美国这几年，我每周都安排时间去玩，这飞机已陪我玩遍整个美国了。"

"不是说美国流行奋斗吗？"我问。

"我以前也是一个奋斗者啊。我在国内当包工头的时候，真是没日没夜地奋斗，到处找工程做，累得呀……但到了美国，我不这样了。我现在住姐姐的房子，每周工作4天，赚到让家人保持一定生活水平的钱就行。其余的3天，我玩玩无人机，陪陪家人。"

"哇，这么潇洒？！干嘛不多干几天，这样也能让家人生活过得好点啊。"我仿佛变成了渔夫故事中的那个游客，正在劝渔夫多打几船鱼，这样总有一天可以躺在沙滩上晒太阳。

"我现在就生活得很好啊！我工作4天挣的钱已经够我一家用了，挣多少花多少。"接着，他看了我一眼，有点得意地说："黄先生，你们吃龙虾、吃鲍鱼，我也吃得起啊。不同的是，你们在餐厅吃，而我在菜市场买了自己煮了吃，我的手艺不比餐厅差哦！"

一周只工作4天，不愿意跟人讲价，不计较小利，对周遭的人和事充满热情……这样的一种生活状态，不正是很多人梦寐以求却难抵达的状态吗？

可是，为什么一个曾经疲于奔命，忙碌得像一条狗的男人，如今活出出尘脱俗的意味来呢？

最主要的原因是因为他有了安全感。什么是安全感？所谓的安全感就是渴望稳定、安全的心理需要，是指人们从恐惧与焦虑中解脱出来的信心、安全和自由的感觉。安全感主要表现为确定感和可控感。

安全感可以从外部和内部提升。这位网约车司机之所以能够这样生活，是因为新环境让他获得了外在的安全感。可是，如果我们没有办法从外在获得足够的安全感时，怎么办呢？难道我们只能疲于奔命地生活吗?

当然不是，因为安全感也可以从内在获得。当一个人对自己有信心的时候，也就是自我价值高的时候，他自然会对未来充满信心，因为他相信自己，信任自己。所以，一个自我价值高的人，也能够像这位司机一样淡定、洒脱地生活。

一个从外在获得安全感的人不需要自我价值，但一个从内在获得安全感的人需要足够高的自我价值。你看看那些修行之人就知道，他们可以身无分文，但依然淡定从容，对眼前的一切信心满满，遇到突发事件也处之泰然。

3. 焦虑

既然我们讲到了外在与内在，那我们借助外在的事情来理解内在的自我价值也许比较容易理解一些。一个人没钱会有什么表现呢？一个缺钱的人对未来会充满焦虑，同样，一个对自己没信心的人也一样，对未来充满焦虑。一个焦虑的人是没有生活的，因为他总在担心未来；一个高自我价值的人才能活在当下。

4. 控制、操控

一个缺钱的人会在乎每一分钱，为了应付生活的种种开支，他会对每一分钱都严加控制。一个自我价值低的人也一样，因为担心害怕，他对周边的一切都试图掌控，他们不仅会控制身边物，也会控制身边的人；他们以为这样是"为你好"，其实，他只是为了让自己感到更安全而已。一旦失控，他们会心慌、恐惧，甚至会出现各种躯体症状，比如晕车、晕船、恶心、呕吐等。

5. 抑郁、讨好或骄傲自大

没钱可能会让人抑郁，但有一些人会朝相反方向发展，因为面子的问题，不愿意承认自己穷，会假装有钱。同理，一个自我价值低的人，要么自责、讨好别人、卑微如尘土；要么自恋，或者自大。那些看起来狂妄、骄傲的人，其实是为了掩盖自己内心的脆弱的一种伪装而已。

6. 匮乏、索取、抱怨、受害者

一个缺钱的人焦点会放在追求金钱上。一个自我价值低的人，内心有个匮乏的空洞，就像肚子饥饿的人一样，会不断向外索取；当向外求不得时，内心就会充满抱怨，觉得这个世界不公平，自己是受害者。

相反，一个自我价值高的人，内心富足，就算暂时处境艰难，也不会抱怨，只会通过自己的努力去建设、去奉献、去分享；哪怕他一贫如洗，没有财富可以分享，他也会分享他的知识、他的爱心和他的微笑。

7. 固执、非黑即白

一个自我价值低的人，固执己见，封闭自己，听不进别人的意见；为了证明自己是对的，他通常会撒谎，用合理化、作秀等方式证明自己；这样的人非黑即白，以对错论输赢。

相反，一个自我价值高的人，开放、包容，能接纳不同的观点，会用不同的视角看问题，愿意跟与自己观点不同的人相处、合作，不以对错论输赢。

8. 攻击

一个自我价值低的人，喜欢攻击，不是攻击别人就是攻击自己；向内攻击的人，自责、悲观、内耗严重，精神萎靡不振，严重时会得抑郁症、甚至放弃生命；向外攻击的人，暴力、躁狂、失控，严重时会走上犯罪道路。

9. 冷漠

一个自我价值低的人，因为内心脆弱，所以需要穿上厚厚的盔甲，保护自己的安全；因为他们把自己封闭起来，所以显得冷漠，缺乏感情，没有温度；他们对事不对人，像一台冰冷的机器。

10. 羡慕与妒忌

有人说，要成为城市最高楼有两种方法：一种是摧毁所有比自己高的大楼，另一种就是打好基础，不断努力往上建，前者是"嫉妒"，后者是"羡慕"；羡慕看起来很正面，但这两种情绪都有一个共同点，就是不太相信自己，觉得自己不如别人，是自我价值不足的一种体现。

一个自我价值高的人，对于别人的好，会衷心祝福；对于自己的不足，会勇于承认，而且相信不足是暂时的，只要自己愿意，未来会越来越好。

11. 鲁莽、冲动；冒险、走捷径

阿德勒认为，监狱里的犯人都是弱者，只有弱者才会走捷径。他们看起来很勇敢，敢于破坏规则，甚至杀人、放火。这些都是懦弱的表现，一个真正勇敢的人，是有力量面对生活中种种挑战的，只有弱者才会走捷径。自杀也是一种脆弱的表现，没有勇气面对生活的人才自杀，强者会笑对生活。就像玩电子游戏一样，只有弱者才会中途放弃，强者会在游戏中过关斩将，并享受其中的快乐。

12. 缺乏行动力、习惯拖延

一个自我价值低的人，缺乏行动力，对于重要的事情习惯拖延。为什么他们不敢或者不愿意尝试？因为他们曾经在尝试中遭遇失败、挫折，且没有能力从挫折中学习和成长，只会在挫折中退缩、躺平，退回自己窄小的舒适空间中，在无助中度日；但他们又不愿意承认

自己无助，于是像吃不到葡萄就说葡萄酸的狐狸，为自己找各种阿Q式的理由，以求得短暂的心理安慰。

13. 心理疾病

一个自我价值低的人，陷入创伤中不能自拔，心中抱持怨恨、无法宽恕、以别人的错误来惩罚自己。即使多年前那只"疯狗"咬伤了自己且早已不在，他们还会一遍遍地扯开伤口，让它流血、化脓、折磨自己。

自我价值是心理健康的基石，自我价值的高低直接决定了一个人的生活质量。对照以上13种表现，看看自己占了几个，把它写下来。承认是成长的开始，只有知道自己在哪里，我们才能找方法去到我们要去的地方。

第十一章
翻转人生

01

/

自我价值的形成

前面我们讲了什么是自我价值，自我价值低的人有哪些具体表现。大家已经知道很多的困境都是自我价值不足导致的，现在的你一定很焦急地想知道，那该如何提升自己的自我价值呢？

不能急，要回答这个问题，我们还需要知道自我价值是怎么形成的。

"我恨你，长大后却变成了你。"这种现象在文学作品中随处可见，比如小时候看到家人被杀害，主角对杀手恨之入骨，为了报仇，自己也成了杀人狂魔。这样的例子在现实生活中比比皆是，那些备受婆婆欺负的小媳妇熬成婆婆后，也会欺负自己的儿媳；那些对暴力的父亲恨之入骨的儿子，长大后比父亲更为残忍；那些痛恨母亲软弱的女儿，长大后比母亲更为软弱……

为什么会这样呢？我们明明恨一个人，可是到头来自己却变成了同样的人，这看起来是非常不符合逻辑的事情。

但这样的事情却一直在发生，究竟是怎么发生的，我们来看一个真实的案例。

有一次，在我的课程中，有位女同学问我："团长，我身边很多朋友都说我很强势，不愿意和我交往，我的同事、合作伙伴也一样，说我不好相处，不愿和我打交道。我明明十分讨厌那些强势的人，怎么可能那么强势呢？你觉得我很强势吗？"她那高亢的声调让我感到了一丝丝压力，咨询师都知道："永远不要相信来访者说什么，要看他怎么做。"我想做一个实验，去探索个中奥妙，于是把她请到了台上。

她叫卫兰，职业化的穿着中透出一份力量，目光坚定得有点咄咄逼人，她一上台，我就能感受到一股强大的能量场。我很欣赏她的坦诚和坚定，于是请她从现场的男同学中挑选一个她认为强势的人一同上台。

她很快选择了一位看起来高大威猛的男同学。我刻意要求那位男同学扮演一位说话强势的人，试着从气势上压倒她。可惜这位男同学根本就不是她的对手，他那种装出来的气势在卫兰面前弱爆了，整个谈话全在卫兰的掌控之中。

于是我在现场重新帮她挑了一个看起来不苟言笑的男同学，站到她面前继续刚才的练习，这次我要求她不要说话，因为她一说话就会让自己变得更强，凌驾于对方之上。我要求她只是看着对方的双眼，体会当下的感受。结果，没等男同学开口说话，她的泪水就湿润了眼眶。

"卫兰，怎么啦？你现在是什么感受？"

"紧张……"

我慢慢靠近她，说："紧张是可以的。好，我们来感受这份紧张，来看看紧张的后面是什么？你看着这位同学的眼睛，留意自己的感受。"

她刚刚溢满眼眶的泪水随即夺眶而出。

我轻轻问她："流泪是可以的，你的眼泪在说什么呢？你从这位同学身上看到了谁？"

她捂住胸口，哭着说："我的爸爸。"

"尝试把他当成你爸爸，看着他的眼睛，此刻你是什么感受？除了紧张之外。"我试着引导她，陪她一起抵达自己不敢面对的黑暗之地。

"很无力，好恐惧，好害怕……"，她说完用手捂住了眼睛。

我鼓励她把自己的情绪勇敢说出来。问她："为什么你的爸爸会带给你这样的感受？"

"我爸爸有病，脾气很坏，动不动就打我妈，还有我……我好害怕……"她啜泣着。

"当你感受到这份害怕时，你心里是怎么想的？"我继续问她。

"我不能像妈妈那样，百依百顺，只会哀求和发抖，我好想保护妈妈，可是我做不到，我长大后一定不能被人欺负，只有变得更强大，才能保护好自己。"她的话突然变得有力起来，仿佛抓到了一根救命的稻草。

"你早餐吃了什么？"我突然用一种轻松的语调问她。

"嗯……肠粉、鸡蛋……还有青菜，"她奇怪地看着我，不明白我为什么突然会问这种无聊的问题，很明显，她已经从小时候的状态中抽离出来了。

我把她拉到了另一个位置，请她看着刚才自己站立的地方，问她："刚才那里有一位叫卫兰的小姑娘，为了保护自己，她当年做了一个决定，要让自己变得更强大，她认为只有这样，才能够不被人欺负，你看到了吗？"

"看到了。"她怔怔地看着刚才站立的地方，仿佛那里还有另外一个自己："她很努力，不管是读书还是工作，都取得了不错的成绩。什么事情都靠她自己，她不得不这样做，但别人只看到了她表面的风光，没有人知道她背后的付出。"

"我看到了！我知道卫兰的不容易。可是她当年让自己变得强大的本意是不想被人欺负，并不是去欺负别人。你看今天的她是不是越来越像她父亲了？只是她还没有动手打人而已。"我试着让她从抽离的位置重新看清楚自己。

"我只是想保护自己，我并没有像父亲那样伤害别人。"卫兰并不认同我的话。

"不管你出于什么原因，你的行为虽然没伤害到别人，但已经让人不舒服了，你的朋友和同事不是说过你很强势，不愿意和你靠近吗？人与人之间沟通的意义在于你得到的回应。"我想让她看到更多，于是接着问："你又怎么知道当年父亲的行为不是出于自我保护呢？"

后面的过程，团长就不一一叙述了，卫兰开始明白，她之所以讨厌强势的人，是因为她从他们身上看到了爸爸。而为了保护自己，她又变成曾经无比憎恨的"爸爸"。

为什么我们恨一个人，最后却变成了他？

在现代医学的常规治疗方法里，会使用对抗的方法疗愈疾病。例如，感冒时，会使用抗生素对抗和杀灭细菌。但细菌会产生抗药性，越"变"越强大，抗生素也必须越来越强大，这就出现了一种细菌与药物共同更新升级的现象。

我们的思想也是一样，当你恨一个人，本能地开始对抗，而最简单、有效的对抗方法就是"以其人之道，还治其人之身"。于是你就会看到文章开篇的种种现象：别人伤害了你，你恨他，为了跟他对抗，你用同样的方法去伤害他，于是你就变成了他；另一种情况也一样，你的伴侣不爱你，于是你恨他，为了与他对抗，你也开始不爱他，于是，不知不觉中，你就变成了你曾经恨的那种人。

恨一个人，你会变成他；同样，爱一个人，也会。

一个孩子来到这个世界，他并不知道自己是谁？关于"我是谁"的认知，首先来自我们的父母以及养育我们的重要他人。

关于"我是谁"的第一个认知是你的名字，父母会用你的名字一遍一遍地呼唤你，然后你自然而然地认同了那几个字就是你自己。

你会接受来自父母对你的评价，你是一个怎样的人，是勇敢的还是懦弱的？是勤劳的还是懒惰的？是善良的还是邪恶的？是有能力的还是无能的？

接着是你适合做什么？也许小时候你的一点点表现会被父母放大，你画了几笔，他们就说你会成为画家；你随着音乐的拍子扭了几下屁股，他们说你是个舞蹈家；你随口哼了几句流行歌的旋律，他们说你会成为音乐家；你只不过喜欢跟小朋友玩，他们说你是政治家……他们是你最爱的人，你信任他们，所以认同他们的说法，把他们说的话内化成自己对自己评价的一部分，然后你真的在他们说的方向上努力，于是你真的成了他们所说的那种人。

如果你幸运，有一对好父母，他们会给你很多好评；但如果你不够幸运出生在一个只有差评的家庭，某一次考试考得不好，他们就说你无能；你不小心犯了一个错误，他们说你居心不良；你只不过是太累了，起床晚了一点，他们说你懒惰；你只不过想吃点零食，顺手拿了家里的一点钱，他们说你是小偷；你只不过某一个方面比不过别人，他们说你是笨蛋……他们是你最爱的人，你信任他们，所以认同他们的说法，把他们说的内化成自己对自己评价的一部分，于是你真的成了他们所说的那种人。

嘴巴说出来的是有形的评价，除了这些有形的评价之外，还有很多无形评价也会内化成为你的一部分。

就像前面我讲过的一个案例，胡女士的父母并没有亲口对她说她不好，只是因为想要一个男孩子的缘故，把她放到了乡下爷爷奶奶家抚养。对于父母来说，这也许是一种无奈之举，但对于幼小的她来说，她会认为是自己不够好，父母才不要她。类似的事情有很多，有时候，父母由于工作忙，没时间陪孩子，孩子会收到一个"自己不重要"的信息；在孩子多的家庭，父母难免会有偏心的行为，那些被忽略的孩子会因此而产生一个错误的信念，认为自己有问题……这些孩子在成长中感受到的东西也会内化成为自我价值的一部分，虽然绝大部分都不是事实，但在孩子心中，它就是事实，因为，自我价值是一个人对自己的主观评价，是主观的，是因人而异的，跟是否是事实并没有关系。只要他认为是就是了。

自我价值是主观的，是因人而异的，与是否是事实并没有关系。只要他认为是就是了。

除了言语的评价和孩子的感受会内化成自我价值的一部分之外，认同父母也是一个重要的部分。

除了父母，那些在我们成长中起到重要作用的人，在心理学上称为"重要他人"，可能是你的爷爷奶奶，也可能是叔叔阿姨，外公外婆，你信任的老师，甚至把你带大的保姆，都有可能是自我价值的一部分来源。

当你能清楚地意识到这一点，你就能看见自我价值从何而来。看见，就可以重新选择！选择那些对你有用的，摒弃那些局限你人生的部分，重新写下你的人生剧本，让你的未来活成你想要的样子。

如果你想做到这一点，请完成下面功课。

1. 列出你成长中的重要他人；

2. 找一个信得过的朋友，跟他分享你的重要他人的故事；

3. 跟朋友一起讨论，今天的你有哪些地方跟你的重要他人是相似的；

4. 对那些你不喜欢的部分保持觉察。

02

/

从外获得滋养，提升自我价值

经过前面的讲解，我相信大家对自我价值已经了解得差不多了。这一节我们是时候来看看如何提升自我价值了。

前面说过，自我价值是心理健康的基石，那我就从"健康"说起。

什么是健康？中医说："身壮为健，心怡为康"，所以健康应该包括两个部分的内容：身体健康和心理健康。

也许大家都有过这样的感受，有时身体挺好的，可是整个人就是提不起劲儿来；而另外一些时候，经过高强度的体力劳动，身体已经相当疲惫了，可是你却依然神采奕奕，精神饱满。为什么会这样呢？

从事心理教育事业 24 年，我多年以讲台为伴。讲课并不是一件轻松的事情，一个四天三晚的课程下来，不说别的，就是站立时间都长达 30 多个小时，所以做导师不光是脑力活，还是体力活。可是，当我完成一个课程，大多时候都是精神饱满的，很多学员都会问我："团长，你刚讲完 4 天的课程，怎么还那么精神？"

其实，并不是总能保持充沛的精力。记得有一次，在马来西亚讲完一个四天的课程后，我差点就病倒了，整个人虚脱了，那种感受就像歌里唱的——"感觉身体被掏空"。

为什么同样是讲课，在付出相等劳动量的情况下，有的时候讲完会觉得全身充满能量，但有的时候整个人会力竭不振呢？

我们的生活状态，取决于自身能量的高低，而能量分身体能量和心理能量两个部分，二者互为因果，相互影响。能量的来源，不仅仅是从嘴巴吃进去的各种营养，还有来自精神领域的心理营养。所以身体健康，不仅指身体的机能健康，还包括了心理的力量和弹性。如果你的心里有满满的力量，你做再多事情也不会累；如果你的心是疲惫的，你的身体也会随之被拖垮。

那心的能量来自哪里呢？前面已经说过，人生遭遇的各种难题，比如婚姻问题、职场问题、财富问题、孩子教育问题，几乎都跟"自我价值"有关。

我认识一个中医朋友，他说我的身体先天不足，需要后天的调养，透过调整脾胃，"以后天之气，补先天之气"。原来，人的气分为"先天之气"与"后天之气"。

气，是古代先民对自然现象的一种朴素的认识，当时，认为"气"是构成世界的最基本物质，宇宙间一切事物都是由气的运动变化而产生的。这种观点被引用到中医医学领域，认为"气"是构成人体的基本物质，中医里多用气的运动变化来解释人的生命活动。正如《医门法律》中说："气聚则形成，气散则形亡。"

古人将人体之气分为先天、后天两种。一般古书上说的"元气"大都是指人的先天之气，它是人的生命之气，也叫肾气，俗话说："母壮则子肥。"有的孩子生下来就长得壮，就是因为在母体中吸收了很好的"元气"。

而后天之气称为"卫气"，是行于脉外的气。主要由脾胃运化的水谷精微所化生，也就是能量来源于我们吸收的食物营养（如五谷杂粮）。

一个健康的人，需要养足这两种气。先天气足的孩子虽然有更好的抵抗力，但如果在成长的过程中，不注意保养，这股气也会被耗光；同样，即使是先天不足的孩子通过脾胃调理、气血中和、合理作息、锻炼身体和保持愉悦的情绪，依然可以让自己的生命得到很好的滋养。

我在想，身体如此，心理是否也一样呢？心理能量是否也可以理解为"先天"和"后天"两个部分？

"自我价值"是一个人自己对自己价值的主观评价，这种评价通常源起于成长早期，通过父母的接纳、肯定、承认、赞美、表扬、鼓励等方式逐渐建立起来，其核心是自尊。一个人的自我价值很大程度取决于他的原生家庭，取决于父母或重要他人的教养方式。我把这个部分比喻成为"先天"的部分，当然这里的"先天"并不是指天生带来的部分，而是指一个人小时候自己所不能决定的部分。

原生家庭是自我价值的来源。虽然自我价值是自我的主观评判，但一个人在孩童时期，对自己的价值评估，最多的部分肯定来自父母。从小得到父母很高评价的孩子，就像一个元气很足的孩子，他的心理抗压能力会很强。因为他坚信自己是值得的，就算是遇到挫折，他也会认为那是暂时的，拥有极强的抗挫折能力，因为他相信自己值得拥有更好的生活。

原生家庭是自我价值的来源。

如果一个孩子在一个处处都是"差评"的家庭长大，从小很少得到父母的鼓励、肯定，心理营养不足，那他会在潜移默化中形成一个对自己极低的评价。长大后，他人的一点"风吹草动"在他心里都能引来狂风暴雨。因为他不相信自己，他自己的价值需要依赖别人的评价，所以他对他人的评价会无比在意。一个自我价值感低的人，很难感受到幸福。

一个人如果先天不足，该怎么办？难道就只能接受命运的安排吗？

前几课中，团长已跟大家分享过，我因为自我价值低而发生的种种"囧"事了，我从一个"先天"不足的孩子能走到今天，全因自己有幸走进心理学的世界，因为心理学不仅可以补"先天"之不足，还可以通过后天调养，让你的生活变得更加美好。

那如何才能提升自我价值呢？提高自我价值大致有以下两个途径。

疗愈内在创伤，补"先天"之气

既然一个人的自我评价源自早期成长的经历，那我们就可以通过催眠、家庭重塑等心理治疗手段，回到过去解决问题，虽然我们不能改变过去发生的事情，但我们可以改变对事情的看法；看法改变了，体验就改变了，自我评价也自然而然地会发生改变。这也就是为什么心理治疗和心理课程可以帮助一个人改变的根本原因。

后天调理

什么叫后天调理呢？让我先跟大家讲个故事。

米尔顿·艾瑞克森是美国著名心理治疗师。一次，他到美国中南部的一个小城讲学，一位同伴希望他顺道看看他独身的姑母。同伴说："我的姑母独自居住在一间老屋，无亲无故。人又死板，不肯改变生活方式。你看有没有办法令她改变？"埃瑞克森到同伴的姑母家去探访，发觉这位女士比形容中更为孤单，一个人关在暗沉沉的百年老屋内，周围找不到一丝生气。艾瑞克森请老人家带他参观一下她的房子。

他真的想参观老屋吗？当然不是，他是在找一样东西，找寻一样有生命气息的东西。终于在一间房间的窗台上，他找到几盆小小的非洲紫罗兰——这屋内唯一有活力的几盆植物。姑母说："我没有事做，就是喜欢打理这几盆小花。"艾瑞克森说："好极了！你的花这么美丽，一定会给很多人带来快乐。如果你的邻居、朋友在他们特别的日子里能收到这么漂亮的礼物，他们该有多高兴啊？"

从此之后，姑母开始大量种植非洲紫罗兰，城内几乎每个人都收到过她的礼物。与此同时，她的生活也因此大有改变，一度孤独无依的姑母，变成小城里最受欢迎的人。在她逝世时，当地报纸头条报道称《全市痛失一位"非洲紫罗兰皇后"》。几乎全城人都去为她送行，以感谢她生前的慷慨。

从这个故事中我们能感受到这位老人家的晚年生活是多么的幸福。她为什么能从孤独和抑郁中走出来呢？因为米尔顿老师那句话让她重新找到了自己的价值。

自我价值的关键，是一个人相信自己是有"价值"的，最好是发自内心的相信，当然还可以由外至内的相信。在个人生活和社会活动中，一个人如果能为他人或社会做出贡献，他人或社会就会回馈以肯定，从这些正向的回馈中，他就会感觉到很有价值，当这种价值感能触动你的内心，进入你的潜意识时，你对自己的主观评价也会因此而改变，你的生命就能慢慢因此而得到滋养。这就像我们可以通过食疗滋补身体的道理一样，也可以通过为他人做贡献而获得心灵的滋养。

这就是我为什么大多时候讲课很久却依然很精神原因，因为我在讲课的过程中，得到了很多学员的好评。他们会因为我的课程而改变，当我看到他们生命的变化时，我感到自己的工作充满了意义，生命也就自然得到了滋养。选择了心理学，是我的运气，因为我不光可以在课程中"补先天之不足"，同时也可以在工作中得到足够的滋养，这是我一生中最明智的选择！没有之一！

那为什么我在马来西亚讲课那一次，却会累到虚脱呢？

一是因为那时我刚走上讲台不久，还有不少童年创伤还没有被疗愈，"先天"之气本来不足，加上马来西亚华人的文化就像我们父辈那样，认真、含蓄、内敛，不轻易表达对人的赞美和肯定，那四天的课程几乎是在无反馈状态下完成的，我无法从学员身上得到滋养，所以，只能以消耗的方式去工作，这样一种工作状态，哪有不虚脱的道理？

也许有人会问："团长，你都'修炼'了 20 多年了，自我价值应该很高吧？那你还在乎别人的肯定吗？"

这个问题就像你问一个人："你看起来身体已经很好，先天的元气十足，那你还需要吃饭吗？"

在中医里，先天之气与后天之气互为阴阳，相辅相生。在精神领域也是这样，先天的心理营养与后天的生命滋养也是相辅相成的。一个人成长在健康家庭，心理营养充足，自我价值感高，他的抗挫折能力就高，就能为他人和社会提供价值；反过来一样，如果能从当下做起，力所能及地为他人及社会创造价值，就会得到他人的肯定和赞赏，由外至内地滋养心田，自我价值也会因此越来越高。

所以，当一个人自我价值先天不足时，可以选择多和正面、乐观的"发光体"在一起，远离那些正在消耗你能量的"黑洞"；心存善念，多行善事，让自己的生命在与人相处中慢慢得到滋养，你的人生自然就会在你的善行中越来越好。

如果你想拥有不一样的幸福人生，就要好好提升自己的自我价值，请完成下面功课。

1.《非洲紫罗兰皇后》故事中那位姑母，送人玫瑰，手有余香，你可以为周围的人做点什么呢？从现在开始去帮助别人，让你的生命在做善事的过程中得到滋养。

2. 团长之所以能够提升自我价值，是因为我的工作本身是帮助别人并能得到别人滋养的。检视你的工作，是滋养你的还是消耗你的？重新找一份滋养自己的工作。

3. 检视身边的朋友，看哪些人是滋养自己的"发光体"？哪些人是消耗自己的"黑洞"？远离黑洞，靠近发光体。

03

/

疗愈时刻

这一节我们重点讲讲如何疗愈内在的创伤。

创伤（trauma）这个词我想大家并不陌生。创伤后应激障碍简称 PTSD，我想大多数人在一些文章中都看到过这个词。关于创伤，大多数人以为那是影视作品中才有的事，是别人的事，或者是那些经历惊天动地大事件的人才会有。殊不知，几乎每个人都经历过创伤，你今天的生活正被过去的创伤所影响。这一课我们来看看创伤与自我价值的关系。

什么是创伤

首先，我们来感性地认识一下什么是创伤。

我有个同事，她天不怕地不怕，再强势的人、再壮实的流氓她都不会畏惧，但她唯独怕狗，是狗都怕。

我家里养了一只可爱的博美，懂小狗习性的朋友都知道，这是非常乖巧的宠物狗，人见人爱，没有攻击性。但她每次来我家之前都会畏惧地说："团长，快把你家狗关起来。"不然她就不敢进门，即便只是顺便来我家拿个东西，在门口站一会儿，她也要我把小狗关起来才行。

为什么一个天不怕、地不怕的人，偏偏害怕一只根本伤害不了她的小狗呢？原来，她小时候曾被一条恶狗追逐过、伤害过。幼年的经历给她留下了痛苦的记忆，心理学中把这种痛苦的记忆叫作"创伤"。

心理学中有个名词叫作创伤后应激障碍（Post-traumatic Stress Disorder，PTSD），是指个体经历、目睹或遭遇到一个或多个涉及自身或他人的实际死亡，或受到死亡的威胁，或严重的受伤，或躯体完整性受到威胁后，导致的个体延迟出现和持续存在的精神障碍。

换句话说，创伤就是人在遭遇或对抗重大压力后，其心理状态出现的失调后遗症。

这个定义所说的，人们在创伤后产生的应激障碍行为是比较严重的，还有很多创伤没有让人产生明显的过激行为，却会给人带来很大的局限性。所以我对创伤有另一个定义，是什么先卖个关子，再给大家讲个故事。

再遇"时间线"

我们公司课程中有个内容叫"时间线"疗法，这种疗法旨在用心理咨询技巧，把当事人带回到过去，处理曾经给我们人生带来创伤的一些事件，让我们能更好地前行。

十几年前的一次时间线课程上，一位李姓学员在做完这个练习后，发出一声惊呼："天啊，世界竟然是这个样子！！"他瞪大双眼，语无伦次地说："原来……红色是……这样的……那么鲜艳……"

原来，做个案的时候，他回到了小时候的创伤事件里。

那时他才五六岁，出游时坐在车的副驾驶位置上。我们都知道，小孩是不能坐这个位置的，因为意外来临时对孩子极其危险，可偏偏意外真的到来了，他记得当时眼前的挡风玻璃上洒满了鲜红的血迹……

在治疗的过程中，当他想起这个场景时，浑身都在发抖、打战、尖叫、退缩……仿佛又变成了6岁时那个被吓坏了的小男孩。

原来，当年挡风玻璃全是血的那一幕，让幼小的他完全震惊了，他的潜意识为了保护自己不受到更大的惊吓，于是选择性地把对"红色"的感知能力减弱、甚至关闭了。

个案治疗疗愈了他对创伤的恐惧，打开了他潜意识的开关，所以他看到的世界又恢复到了意外来临前的模样，才会发出一声惊呼："原来世界是如此多姿多彩，原来我以前看到的世界都是假的。"

这样的案例在课程中数不胜数，其背后都有一个简单的原理：只要你懂得创伤的基本原理，你就能够面对和疗愈自己的创伤，甚至是改变自己的人生。

为什么这样说呢？我想说说自己对创伤的定义。我认为人在经历了某些痛苦事件后，他的潜意识为了保护自己，要么会选择性地关闭了大脑的某些功能，要么会让大脑中的某些反应功能变得过于敏感，让行为产生失衡。

所以，创伤是一种让你无法活在当下的心理疾病。

怎么理解呢？

前文的同事看到小狗会有过激反应，就是因为小时候的事故让她怕狗，大脑中的逃跑功能开始起作用，哪怕只是听到小奶狗的叫声，她都会恐惧，这叫过于敏感。

什么叫选择性关闭某些功能呢？

李姓学员幼年时记忆里挡风玻璃的画面深深地刺激他，他的潜意识为了避免体会类似的痛苦，于是选择关闭了他对红色的感知能力。

无论是过激反应还是选择性关闭某些功能，都是潜意识为了保护我们而产生的一种能力，这种能力在保护我们的同时，也给我们的生活造成了一些失衡，即便这种失衡未必会像 PTSD 定义的那样（一种病态，无法正常生活）严重，但也是一种心理创伤。

不过，创伤是可以疗愈的。就像彼得·莱文所说："因为每种伤害都存在于生命内部，而生命是不断自我更新的，所以每种伤害里都包含着治疗和更新的种子。"

创伤的症状

在说如何疗愈创伤之前，我们先来看看巴塞尔博士所认为的，创伤会给我们带来的四大症状。巴塞尔博士是美国创伤研究领域的权威，他的研究发现，受过创伤的人，一般会有以下症状。

症状 1：失去人生的意义

创伤会让人不知道活着有什么意义，也不知道自己究竟想要什么。

团长的课程里经常有学员遇到类似的困惑，他们按时打卡上下班，却对工作和生活毫无热情，当一天和尚撞一天钟，如同行尸走肉一般。

严重的情况需要借助酒精、毒品或其他高强度刺激的事情来填充空洞的生活，只有在短暂的刺激下，才能暂时感觉到自己是活着的。

这种状态轻则让人度日如年，重则会让人放弃生命。

症状2：正常的事件也能引起过度的反应

就像我那位怕狗的同事，小狗本是可爱的动物，但即便是可爱的叫声都会让她恐惧，这就是正常事件引起的过度反应。

有的人被水呛过一次，就再也不敢靠近水边；有的人被车刮伤过，就再也不敢学开车；有的人被虫子咬过，从此不敢再碰绿色植物……所谓"一朝被蛇咬，十年怕井绳"说的就是这种反应。

症状3：面对正常的事件，失去了本该有的反应

这和症状2恰恰相反，就像李姓学员对色彩失去了感知能力一样，他选择性地关闭了本该有的反应能力。

生活中还有很多常见的例子，比如很多人在本该享受恋爱的年纪，却对异性完全失去了兴趣。异性之间的相互吸引是我们动物基因里的本能，因为对异性有兴趣，才有利于我们繁衍后代。

对异性没兴趣的人，未必是性取向的问题。很可能是在童年的时候被异性伤害过，大脑启动了一种"以偏概全"的功能，关闭了对异性的感知能力，把所有异性都打入冷宫，本该有的心动、情动都消失了。

金钱方面也是如此，大多数人都对金钱财富有兴趣，但有的人就是不屑于谈钱，很有可能是他在过往曾经发生过与钱有关的不好经历，大脑关闭了他在金钱领域的反应，这种情况在心理学叫作"选择性回避"。

这些都属于第三种症状。

症状4：无法融入人群

有些人的确不太喜欢跟人交往，但大多数不愿意跟人交往的人，只是对人群的一种隔离。

人是群居的动物，我们的内在植入了合作的基因。所以弱小的人类能够站在食物链的顶端，把强大的狮子、老虎关在笼子里。合作，让人类有了更多生存的机会。

这种愿意与人交往的能力就像基因中的性本能一样，是能够让我们产生某种快感的，因为产生了愉悦的感觉，我们才愿意去重复做这件事情，从而让种族得到延续。

与人交往的时候，人体会分泌本体胺、催产素等可以让人愉悦的元素，但有些人在与人交往时并不会感到愉悦，因为他在早年和人交往的时候受到了伤害，所以他的潜意识选择性地关闭了这种感知的能力，选择用隔离的方式保自己，于是生活中的他们看起来很有距离感。

绝大多数的人，都有过创伤，包括团长在内。每一个创伤都给我们的人生带来了一定的困扰，那我们该怎么疗愈自己的创伤呢？

疗愈创伤

那如何才能疗愈创伤，提升自我价值呢？

我们已经知道了创伤其实是留在我们大脑中的一些错误信念。所谓疗愈创伤，其实就是改变大脑中的那些错误的信念。我们无法改变过去所发生的事件，但是，我们可以改变对过去发生事件的看法。这个改变的过程，就是疗愈。创伤疗愈的方法有很多，不同的心理学流派会有不同的方法。下面给大家介绍几个简单有效的方法。

巴塞尔博士的小组做过一个调查，这个调查为我们提供了一个疗愈创伤的基本方向。"9·11"恐怖袭击事件影响了很多人群，巴塞尔博士的创伤研究小组采访了很多当年从现场逃离的人，比如当时正在双子大厦办公的人。在遇到突袭时，他们非常恐慌，夺门而出。调查发现，这些人虽然是事件的亲历者，但是他们并没有产生类似PTSD的应激障碍。相反，在一旁目睹了这一事件的人，或者是在这次事件中失去了亲人的人，却在以后的日子里患上了应激障碍。为什么会这样呢？我们要讲一个基本的原则。

动物在遇到危险时，一般有三个反应。

1. 打得过就打；
2. 打不过就逃；
3. 打不过又逃不了，就装死。

如果动物在"战斗"或者"逃跑"模式时，不会留下太多的创伤。而那些只能留下来承受这一切（装死）的动物，身体会产生应激反应。

因为真正导致创伤的并不是战斗，也不是逃跑，而是僵住。大脑的皮层会认为，僵住状态跟死亡状态差不多，而死亡又是人类竭力要避免的事情。这时我们的身体根本无法动弹，大脑就会启动保护机制，要么关闭一些感知功能，要么让某些功能变得过于敏感。

所以，在巴塞尔的研究中，我们找到了疗愈创伤的第一个方法，也是最简单有效的方法——运动。

方法1：运动→身体储存了记忆的答案

我们很多创伤的记忆都储存在身体的某些细胞里，虽然现在还没有解剖学证据，让我们可以看到创伤留在细胞里的痕迹，但是很多治疗创伤的小组通过反复的实验证明了这点，仅仅是让身体动起来，很多创伤都能够得到疗愈。

你可以选择一个适合自己的运动，最好是对抗性的运动，比如球类运动，这类运动会让我们的身体随着球的运动而移动，让参与运动的人把注意力集中到同一个目标上，很容易让人与人之间产生连接，这对创伤隔离的症状有特别好的疗效。

方法 2：训练理性大脑→针对过度反应的创伤

对创伤的过度反应，就像害怕小狗的那位同事。

我们的脑干，也叫"动物脑"，应激反应就是因为这个部分大脑过分活跃导致的，当它过分理智时，负责理性认知的脑（前额叶），就无法工作了。

所以处理这类创伤，最好的方法是安抚"动物脑"，同时去训练"理性脑"，这样就能够减缓自身对某些事情的过度反应，让我们能够活在当下。

训练的方法很多，当下流行的禅修、瑜伽、冥想、打坐等都是不错的方法，或者选择日常的绘画、听音乐、观看戏剧等活动，都能够让我们避免被"动物脑"所操控。

方法 3：安抚内在小孩→针对选择性关闭某种功能的创伤

前文提到，创伤后的一种状态是：让人对正常的事件失去本该有的反应。这就像一个孩子受到惊吓后，再也不愿意长大了，这个内在的小孩一直躲在角落里担惊受怕。

如果内在小孩没有力量的话，他的外在即便已经是成年人，也会退缩、懦弱。而安抚内在小孩的方法，就是让今天的、有智慧的你，去关爱当年那个受伤的小孩。

如果你看到了他，给他足够的爱与关怀，告诉他："你不再是小孩了，现在的你是有力量和智慧去面对这一切的，我会一直陪着你。"当内在的小孩慢慢长大后，原来的创伤就被疗愈了。

方法 4：成立互助小组→开口，是疗愈的开始

巴塞尔博士发现，当一群受过伤的人组成一个互助小组，彼此分享自己的创伤经验时，即便在分享的过程中治疗师没有说话，没有关注到每一个人，他们的创伤也开始被疗愈了。

治疗师的作用，只是引导小组成员把创伤说出来。因为能够说出来的创伤，已经不是创伤了，那些说不出来或者不愿意说出来的痛，才是更严重的创伤。

每位成员分享后，能够得到团体的关爱与回应，他内在的小孩才更有力量去成长。

以上这些方法都可以独立完成，但如果能找一个专业的心理学人士带你回到过去疗愈，你能够更快从创伤中走出来。

任何一份伤害，都是会痛的。

你可以选择不去触碰它，就像怕狗的那位同事，她选择不疗愈，愿意接受"一辈子怕狗"这个状态。这样的好处是，她会让自己待在一个安全的角落，她这辈子都不会被狗咬了，但任何事情有好处就一定有代价，代价是她的家人、孩子也不能养狗了。所以，当潜意识在保护我们的时候，它也限制了我们生命的可能。

我的同事因为被狗咬而关闭了与狗接触的可能性。

你呢？你知道你因为过去的创伤性经历关闭了什么吗？也许是人际关系，也许是财富的大门，或许是事业发展的机会……谁知道呢？只有你自己才知道。

如果你愿意一生躲在一个安全的角落里，也是可以的。但如果你仍旧希望自己的世界更多姿多彩，生命越活越富足，你可以选择

疗愈生命的创伤，创伤不是无期徒刑，每一个创伤的背后都有一个没被开发的"宝藏"。

如果你愿意为未来的幸福付出一点点代价，请完成本课的功课。

1. 把你在本书中做过的觉察功课再拿出来，看看你的生命中受够了什么？选择其中你最想改变的一个课题；
2. 找一位你信得过的心理咨询师，就这个课题做一个疗程的心理咨询。

04

/

翻转时刻

提高自我价值的刻意练习

自我价值对于人生的重要性前面已经讲过很多了，现在，是时候通过行动提升自我价值了。但问题来了，我前面讲过，自我价值低的人通常缺乏行动力，因为他们的动力不足。

提升自我价值可以提高行动力；可是，自我价值不足时，行动力就不足，没法通过行动去改变自己，那对于现在处于自我价值不足阶段的人来说，该怎么办呢？

必须从一些不怎么需要耗能就可以完成的小事情开始！

什么样的事情很小，很容易做，不需要消耗能量，但对提升自我价值有很大的帮助呢？

功课 1：五句话带来改变

哪五句话有那么大的威力呢？我们先来重温一下自我价值是怎么形成的。

自我价值的形成建立在小时候父母的教育方式以及周围的成长环境之上，包括学校的教育和社会的文化影响等综合因素。我们从自我价值的定义中可知，自我价值是自己对自己价值的主观评判。一个小孩子刚来到这个世界，他对自己价值的评价只能来自身边的重要他人，而父母是所有重要他人中占有最重要位置的人物，所以父母的教育方式直接影响着孩子的自我价值，父母如能做到如下三个方面，对孩子的自我价值的形成会有较大的影响。

第一，无条件的爱与接纳。一个孩子在成长的过程中，能从父母那感受到"无论我怎样表现，他们都爱我"，这个孩子的内心就会形成："我是有价值的、我是值得被爱的"这样的信念，这是自我价值形成的基石。

第二，在情绪上给予足够关注。小孩子在还没学会言语表达之前，是用情绪来表达的，当一个孩子的情绪没得到充分的关注，他就会认为："我不够好，我是不值得别人关注的，我是没有价值的。"

第三，父母习惯用孩子做的事情来衡量孩子的价值。绝大多数没学过心理学的父母都会犯这个错误，就是当孩子有好的表现时，就会给予肯定、表扬或者物质上的奖励，而当孩子遇到挫折、或做某件事情失败后，父母就对孩子进行全盘否定，这样孩子的潜意识就会收到这样的信息："我的价值取决于我所做的事，当我暂时不能完成某些有价值的事情时，我就毫无价值。"

我们无法改变当年发生的事，我们也无法改变当年父母对我们的教育方式，但我们可以改变对当年发生事情的看法。父母当年对我们的评价是什么并不重要，重要的是我们怎么解读父母对我们说过的话、做过的事。

就算父母当年真的曾经给过我们差评，那也是他们主观的评价，并不是客观的事实。就像他们当年为我们起的名字一样，虽然这个名字已经使用了好几十年，但如果你不喜欢，完全可以重新改个名字。

自我价值也是一样，如果父母当年没有给你足够的好评，请不要怪他们，因为他们也不懂，他们只不过用他们父母对待他们的方式对待你而已。

现在，你已经长大成人了，你可以重新成为自己的父母，像父母一样对待你的内在小孩，重新给自己肯定、认同、赞美、接纳和爱。

当然，要重新改变对自己的评价是需要时间的，就像为自己重新取个名字一样，需要不断地重复，你才会把新的名字认同为你自己。

下面五句话对于重建你的自我价值十分有帮助。

第一句话："我看到你了。"

人总喜欢被别人看到，因为当一个人被看到的时候，他才有存在感。人们为什么喜欢发朋友圈？发朋友圈被很多人点赞，你是不是很开心？为什么？因为你被看到了。当一个人发觉自己被关注了，就会感觉到自己是有价值的。

你心中那个内在小孩子也需要被看见，看见他的努力、看见他的付出、看见他的不容易、看见他的情绪……

如果连你自己都不去看见他，你又能指望谁去看见你呢？

第二句话："你是有价值的。"

每一个人都需要被别人肯定，当一个人感觉有价值的时候，他就会觉得活得很有意义，孩子尤其如此。当孩子做了一些好的行为能够得到重要亲人的及时肯定的时候，他会觉得自己很有价值；相反，如果做了好事跟没做一样，完全被忽略了，这样的结果会让人毫无价值感。

所以，每天给自己一些肯定，告诉自己哪些地方做得好，只有不断地肯定你自己，你的自我价值才会越来越高。

第三句话："你是独一无二的。"

我们要让孩子明白，你虽然不是完美的，但至少你是这个世界上独一无二的。全世界 70 多亿人中只有一个你，所以要懂得欣赏你的优点，你有你的特质，你有你独特的地方，尽管你不是聪明过人，也不是颜值惊人，但你始终是世界的唯一。

第四句话："你是有贡献的。"

你是有贡献的，你可以为你的家庭、你的公司、你的朋友们做些力所能及的事情，让他们的人生因为有你而变得更加美好。

当你去做这些小事的时候，你会从他们的反馈中感受到，原来自己是可以为自己所爱的人有所贡献的。当你能体验到这种感觉时，你的自我价值已经在提高了。

第五句话："你是属于这里的，我们这里需要你。"

一个飞机少了一个零件，是飞不起来的，是会有危险的。在一个组织里面，不管是保洁的阿姨，还是负责全局运营的 CEO，他们在公司、组织里都发挥着独有的价值。

因此，你要时刻知道，不管你现在能力多么的有限，地位多么的卑微，你所在的家庭、组织、团体都是需要你的。所以，你属于你的家庭、你的团队。

经常对自己说这五句话，仿佛你的内在住着一个孩子，一定能够提升你的自我价值。如果你真的想提升自己的自我价值，我建议你把这五句话打印出来，挂在墙上，变成一个家庭装饰品。

这些都是一些很小的事情，不需要消耗什么能量，只要你愿意，能量再小都能做到。

功课 2：与父母对话

"找一个舒服的位置坐好，轻轻地闭起你的眼睛，背部靠着椅背，双脚放到地板上，双手放到大腿上，深深地吸一口气，缓缓地吐出来。再深深地吸一口气，缓缓地吐出来……"

在这个过程中，大脑把注意力放到你的童年，想想小时候，父母是怎么评价你的。他们说过哪些话，也许曾经伤害过你，也或许你运气比较好，能得到很多的鼓励和爱。不管是什么话，请重温一下，然后深深吸一口气，把从父母那里得到的好的评价吸进身体，把父母的差评随着呼气呼出体外，默默地在心里跟父母说一声："爸爸妈妈，我知道你曾经对我很失望，我原来以为是我自己不够好；今天才明白，并不是我不够好，而是在你们心目中，我还可以变得更好。"

是的，没有一个父母不希望自己的孩子变得卓越，父母为什么会给孩子一个差评？是因为在父母心目中，你还可以变得更好。知道这一点很重要，因为当你明白了这一点，你就知道了，你并不是不够好，而是还可以变得更好。

接下去，你要做的是，把当年父母对你的差评默默还给他们，在心里再说一句话："爸爸妈妈，我不是你们说的那个样子，我收到你们对我的期待，我要重新评价我自己。"

然后，用你的手抱抱你的肩膀，仿佛抱着一个孩子，重新做自己的父母，默默跟这个孩子说："宝贝，虽然你还不是完美的，但是在我心中，你是独特的，我喜欢你，我知道你会越来越好，我爱你。"

很多父母没学过心理学，他们不懂，所以他们的语言有意无意中会伤害孩子，虽然那并不是他们真正的意思。我们今天已经是成年人了，当年父母做不到的，我们可以自己来完成，我们可以给自己一份肯定、一份认可、一份欣赏、一份鼓励。如果连自己都不愿意肯定自己，你还能指望这个世界的谁可以肯定你呢？从现在开始，请做一个决定，好好重新评价你自己。

功课 3：三正日记

准备一个小的日记本，每天睡觉之前，写下当天你最欣赏自己做过的三件事。

第二天早上起床前，把昨晚写的三正日记拿出来读一遍，欣赏一下自己昨天做过的事情，再起床。

至少坚持三个月以上，通过睡前和早起这两个天然的催眠时段，不断欣赏自己，你的自我价值一定会大幅提升。

以上三个功课简单而有效，只要你愿意，你一定可以提升自己的自我价值，改写你的人生剧本，同时，改写你家族的历史。

你和你家族的命运完全掌握在你的手上，要不要去改变，全看你自己的选择。团长只能帮你到这里了。最后，借用电影《黑客帝国》的一句经典台词结束这个课程：

"门，我已经为你打开，
剩下的路要靠你自己走。"

内 容 提 要

本书为实用心理学导师、壹心理联合创始人黄启团经典作品。在超 25 年的从业生涯中，团长用心理学的方法听到人、看到人、读懂人，通过 8 大实用心理理论与法则，助力超 10 万学员升级幸福与成功人生的认知脚本。用心理学重新书写真实生命的精彩剧本。

图书在版编目（CIP）数据

圈层突破：珍藏版：用心理学改写人生剧本 / 黄启团著 . —北京：中国纺织出版社有限公司，2022.1（2023.10 重印）

ISBN 978-7-5180-9106-5

Ⅰ.①圈… Ⅱ.①黄… Ⅲ.①心理学—通俗读物 Ⅳ.①B84-49

中国版本图书馆CIP 数据核字（2021）第224769 号

策划编辑：关雪菁　　　　　责任编辑：关雪菁
责任印制：王艳丽　　　　　责任校对：王蕙莹

中国纺织出版社有限公司出版发行
地址：北京市朝阳区百子湾东里 A407 号楼　邮政编码：100124
销售电话：010—67004422　传真：010—87155801
http://www.c-textilep.com
中国纺织出版社天猫旗舰店
官方微博 http://weibo.com/2119887771
北京华联印刷有限公司印刷　各地新华书店经销
2022 年 1 月第 1 版　2023 年 10 月第 4 次印刷
开本：787×1092　1/16　印张：21.75
字数：229 千字　定价：68.00 元

凡购本书，如有缺页、倒页、脱页，由本社图书营销中心调换